小主妇家庭投资宝典

游宇 主编

农村读物出版社

图书在版编目（CIP）数据

小主妇家庭投资宝典 / 游宇主编. — 北京：农村读物出版社，2011.8

（小日子）

ISBN 978-7-5048-5523-7

Ⅰ. ①小… Ⅱ. ①游… Ⅲ. ①家庭管理：财务管理 Ⅳ. ①TS976.15

中国版本图书馆CIP数据核字(2011)第172387号

策划编辑 黄 曦

责任编辑 黄 曦

设计制作 北京朗威图书设计

出　　版 农村读物出版社（北京市朝阳区麦子店街18号　100125）

发　　行 新华书店北京发行所

印　　刷 北京三益印刷有限公司

开　　本 787mm×1092mm　1/24

印　　张 5

字　　数 120千

版　　次 2012年1月第1版　　2012年1月北京第1次印刷

定　　价 26.00元

目录

写在前面

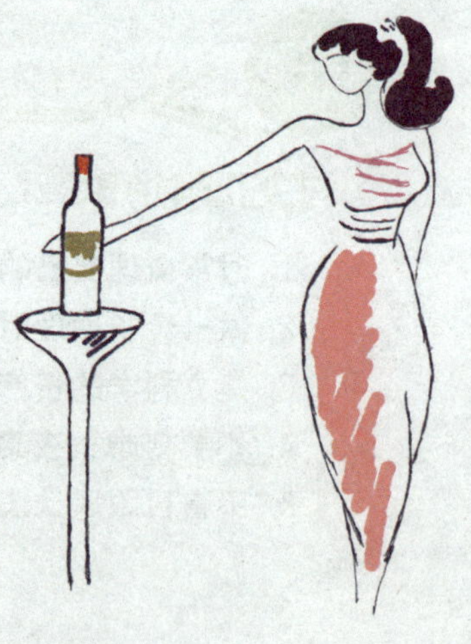

第四章

真金白银投资秘籍 71

第五章

金融产品理财 84

商场
网购

写在前面

女性理财 让生活更加精彩

现代女性分成两种，一种就是只知道消费的“喝星巴克咖啡的女人”；另一种则是懂得理财、对人生有规划的“买星巴克股票的女人”。在当今这个多元化的时代，女性理财成为一道亮丽的风景，女性的积极参与，为这个传统由男性掌握经济大权的社会，带来了多姿多彩的生活。

人生幸福自由的基础首先是实现财务自由。如今，不少家庭的财政大权已掌握在女性手中，不少城市中高收入家庭的女性开始用一部分家庭闲置资金进行投资，获得财产性收入。财产性收入一般是指家庭拥有的动产（如银行存款、有价证券等）、不动产（如房屋、车辆、土地、收藏品等）所获得的收入。它包括出让财产使用权所获得的利息、租金、专利收入等，财产营运所获得的红利收入、财产增值收益等。

以前很多家庭主妇因为长期脱离社会生活，导致信息闭塞和在家庭中的话语权不高。而现在的小主妇们，有知识，有智慧，有见识，有勇气，有魄力，通过投资理财使生活更加精彩。她们一方面学习了解了相关的财富管理知识，另一方面由此而获得了收益，获得了赢得财富的成就感，也加强了与社会的联系。

相对于男性的投资理财行为而言，当今的女性理财更具有优势。这与女性普遍存在小心谨慎的性格有关，她们在进行投资前会多倾听，多学习、多比较理财产品，然后再进行投资。另外，女性天生胆小、不贪心的特点也是理财所需要的，这些都降低了投资的风险。

但女性理财也有自身的不足之处，如对数字的不敏感，对宏观经济形势认识不够准确，对投资风险的判断程度不够，另外，有些女性会盲目听信别人的推荐，冲动投资，因此，建议女性在购买理财产品前应多与家庭男性成员或男性朋友商量之后再做决策。

1 不懂理财不如不理财

有些女性花几千元买一件衣服，会在商场里转几个小时，不厌其烦地试穿。而对于动辄数万甚至数百万的理财产品，却往往盲目地在几分钟就做出了决定，冲动投资。这是一个很需要关注的现象！女性理财有必要投入更多的时间和精力，进行专业知识的学习。

就购买理财产品而言，女性更为感性，更为容易信任他人（理财咨询师）的建议，而男性则更理性，能依靠自己的知识做出判断。最好的理财投资方式就是不断学习，借助专家的信息资源和建议，结合项目具体情况以及经济形势和国家大的经济产业结构做出理性判断。目前国内专业程度较高、较为成熟的理财师较少，因此个人投资要想规避风险，就应该避免轻信他人，不要盲从。钱是自己的，一旦购买的产品有了风险，对投资者个人来说损失概率就是100%。尽管现在不少女性对理财知识有了初步的了解，但大部分专业程度还是不够，因为轻信不专业的理财师推荐的理财产品而造成投资失败的案例并不在少数。

所以，从这个角度来说，不懂理财不如不理财，理财的根本目的是为了让自己的财产性收入增加，而不是受到损失。我的一位女朋友就是这方面的成功范例，这位女士本来对理财产品知之甚少，但特别善于学习和比较，对于银行和信托公司提供的投资产品说明书，她会一条一条地咨询，了解担保的责任和产品的结构，以及抵押物的形式，包括提示风险的各个条款。经过两年多的学习和实践，这位女士在理财投资上不仅获得了不错的回报，而且成为她的朋友圈子中的“理财专家”。

2 理财是为了资产稳健地保值增值

富人理财，贵在守富。财富管理是个崭新的课题，正所谓创业容易守业难。首先，要避免做出让你损失财富的蠢事，其次，回报要超过通胀水平。尽管富人能够承担得起比他人更大的风险，但对他们而言，保守一些可能更为合理。事实也确实如此，世界上那些亿万富豪们，他们的投资理财比常人更为保守而非激进，因此，在全球市场各次波动中，他们的表现可能比其他所有人都好。富人更擅长解读市场，其风险容忍度为“中等或保守”。而那些没有存够养老金的人，因为抗风险能力更差，应该更理性地评诂巨大投资风险。

有一个很有趣的现象，大买卖（投资千万元以上的项目）通常男性做主，而小买卖（投资数额为几百万的项目）多数由女性来决定。另一个值得注意的现象是：据说目前理财客户里，男女客户比例基本上达到了1∶1，这说明近几年来，女性理财者在逐渐上升，目前还在增加之中。

这些客户大体可以分为两类：一类客户曾经不懂理财，通过参加理财公司、信托公司的讲座，通过了解理财新产品的风险、收益等基本情况，逐渐熟悉理财产品，并学会探讨、探索通过投资理财产品实现财产保值、增值的规律；第二类客户，具有一定的投资实践经验，但其理财投资行为较为散乱，如购买保险、基金、股票等等，通过理财来配置自己的资产。

3 理财不是发财

理财并不是要培养百万富翁、亿万富豪。理财是教给我们一种科学、有效的管理金钱的理念，使我们的生活一天天变好，带给我们安全感和成就感。因此，对于一个成功的理财者来说，理财就是为了使自己的资产稳健的保值增值，从而实现自己的财富管理目标。不同阶段，不同资产状况理财目标是不同的。以我个人为例，在刚刚工作时，因为年轻，积累也少，采取的是激进型的投资方式，将自己的一大部分的收入购买了股票。而在近两年，随着年龄的增加，我的投资偏好有了明显的转变。我所采取的多是平衡型、稳健型的投资方式，减少了波动型产品，如股票基金配置，坚持长期的基金定投；并且增加了稳健的固定收益产品，如信托的投入。

当然，理财也可以致富。不过是马拉松而非百米冲刺，比的是耐力而不是爆发力。对于短期无法预测，长期具有高报酬率的投资，最安全的投资策略是：先投机，等待机会再投资。

4 投资者应加强风险意识

现在，很多投资和理财机构，对客户的风险教育远远不够，往往只讲到了丰厚的回报，而忽视了对投资风险的教育。建议在购买诸如股票、基金、私募股权等高风险投资产品时，投资者应将投入资金比例控制在不会影响到自己生活质量的范围之内，控制在自己的心理承受能力、经济承受能力的范围之内。

如今的投资市场产品非常丰富，但无论是信托产品、私募基金、艺术品收藏、股票基金、黄金，其本身都有各自的结构，也都有各自的风险，各种产品的差异性很大。而理财行业现状是，大部分客户对理财经理的信任度多于对产品本身的信任，对介绍人和机构的了解多于对产品本身的了解。我自己经历过的比较失败的一个例子，就是盲目信任某知名外资银行，盲目信任看起来很诚恳、很专业的理财师，导致我选择了一款看起来很美的结构性存款产品（指收益增值产品，是运用利率、红率产品与传统的存款业务相结合的一种创新存款方式），耗费三年的时间却颗粒无收。虽然万幸保了本，但仍然有哑巴吃黄连的感觉。

投资者要想规避风险，最重要的一个办法是，把鸡蛋分别放在自己熟悉的篮子里，也就说要遵循两点：

第一风险分散；

第二不熟不做。

尤其是对于女性投资者来说，理财绝不能只图轻松，而是要主动去学习理财知识，丰富各种信息储备，在全面了解的情况下做出判断。

小主妇理财ABC

1 时常梳理自己的支出和收入

总是有一些人和我刚毕业时一样，每月工资发在银行卡里，消费就刷信用卡，根本不清楚自己的收入和支出，一个月下来没什么结余，日子过得稀里糊涂的。

从理财的角度来讲，收入-存款=支出，而绝不是收入-支出=存款。记账是一种很原始但是很有效的理财方式。只有把自己的收入和开支梳理清楚了，才能进一步进行理财策略的调整。

记账比较繁琐，贵在坚持。一旦养成了这个习惯，你就会发现其实也不是那么难。小主妇们可以建立一个手工账本，也可以借助电脑，用一个EXCEL表格来记录每日的收支。还可以利用网络资源，下载一些免费的家庭记账软件。

小媳妇的流水账

日期	星期	收支类型	收入	支出	余额	备注	收支人

2 做一个长期理财规划

很多人只知道拼命地工作、赚钱，而不去想其他的事情。往往个人或家庭资产超过几百万了，也没想明白这些资产如何打理才更好。对于保险规划和养老计划，更是无暇顾及。

其实，人生是需要规划的，应该从现在开始，制订长期理财规划。

我的一个网友在QQ群里聊天，说起自己家庭幸福事业兴旺的原因，原来是因为他们夫妻会做计划。她在单位经常要制订计划，于是把这个工作手段也应用到了家里。每年初他们家里都会制订一个家庭计划，比如置业、购车……家里人一起努力，每年都会提前完成任务，特别开心。就是这样，他们夫妻从最初结婚时的负债状态，经过7年的打拼，现在已经有了几套住宅、一间商铺、一辆车，可爱的宝宝也茁壮成长，老人也安康。

她的这个经验得到群里很多姐妹的认同。有不少人恍然大悟，原来日子可以这么过！我也深受启发。说起来道理很简单，工作中计划是很重要的，有了计划才能目标明确，行动有效，效果显著。家庭生活中也同样如此，有了计划导航，我们的日子才能有条不紊地过下去。但恰恰很多主妇会忽略这一点，都以为过日子，随意就好，今天想这样了就这样，明天想那样了就那样，不需要这么严格。殊不知率性而为的生活虽然很写意，但过着过着就琐碎了，凌乱了。没有计划，首先是容易盲目，不知道该怎么办，比如面对琳琅满目的投资渠道和产品，该如何选择？要知道，理财可不是点兵点将那么简单哦！其次是容易冲动，听同事说买玉石好，就一口气买下一堆好坏不辨的玉；听说买房好，又一拍脑门来两套，完全不顾自己的财力和能力。而最糟糕的结果就是沦落为月光族，眼看着别人的日子越过越红火，而自己身上却没几个大子儿，需要用钱的时候捉襟见肘，真是悲剧！

有些主妇婚前过惯了一人吃饱全家不饿的潇洒日子，婚后也还一时转不过来，不愿意被家庭束缚，还想当潇洒姐，她们心里对有计划的生活很抗拒，总觉得那样就是紧巴巴地算计着过，跟自己节俭一辈子的妈一样了。其实，这完全是一种误解。完善而合理的家庭计划，不仅不会降低我们的生活质量，反而会为我们美好的生活保驾护航，锦上添花。

3 建立科学的资产配置

从小我妈妈就教育我，不要把鸡蛋放在一个篮子里，但在实际投资过程中我们却往往忽略。有人把80％的钱投入股市，有人买了几套房子还想再买……

理智的主妇会从自己的风险承受能力出发，建立科学的资产配置。如果大部分的钱投资股票，风险过高；而全是房产的话，也会让你的资产变现能力降

低。另外，在配置资产的时候，千万不要忘记买保险。

●**原则：**

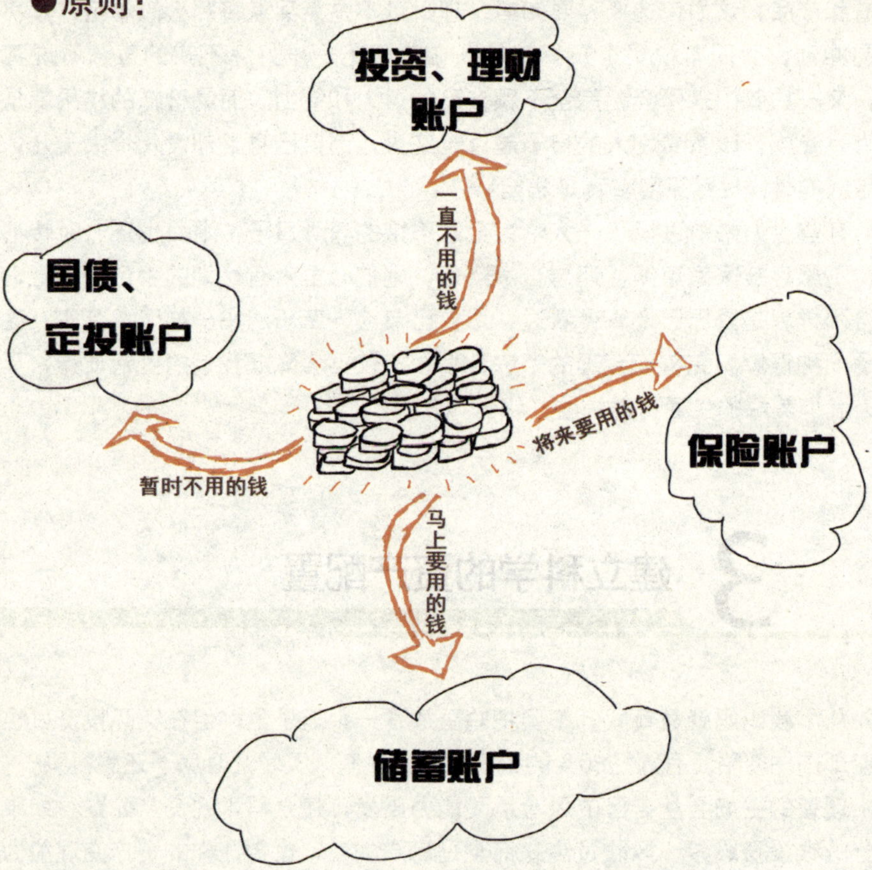

投资、理财账户

一直不用的钱

国债、定投账户

暂时不用的钱

将来要用的钱

保险账户

马上要用的钱

储蓄账户

》存钱是最简单也最实用的理财手段

这个月你存钱了吗？虽然现在利率赶不上CPI增长，但是强制性存款对个人和家庭来说也是必不可少。很多人觉得能花钱才能赚钱，但是花钱大手大脚，存款几乎没有的家庭又能靠什么来获得安全感呢？能赚钱，又能有计划地花钱才是理财之道！

资产的积累非常重要，而存钱是最简单也最实用的理财手段。每个月一拿到工资，就应该存一定比例的钱到银行，可以采用零存整取或者基金定投的方式，剩下的才是支出部分。尤其对于不懂投资知识，盲目投资的人来说，把钱存在银行比较保险。

》注意家庭中的固定资产比例

中国人自古以来就对土地和房子有着深深的感情，这种感情往往会转移到投资中去。许多人看到房价节节攀升，觉得买房子是很保险的投资方式，所以手头一有钱，就去买房子。其实，除去房价下跌资产缩水的风险，因为买房而背上几十上百万房贷往往就会导致生活质量下降，这是值得深思的现象。其他的家庭固定资产也是如此。以家电和家具（具有收藏价值的古董家具除外）为例，这些东西的价值会随着时间的推移而逐渐缩水。作为投资购买，大多是不合算的。

固定资产的增值空间有限，而且变现能力较差。所以，固定资产在所有家庭资产中的占比最好不要超过60％。

》重视保险，理性选择投保的家庭成员

保险在家庭理财中是风险管理工具，而非投资工具。保险的最大功能是保障未来生活不因风险发生而被彻底改变。随着人们对保险的认知和了解，在经历了前期的陌生、反感、犹豫等阶段之后，已逐步开始接受保险。这里不做赘述。

值得注意的是需要投保的家庭成员的选择。现代人都疼爱孩子，把所有好东西给孩子都在所不惜。有一个家庭，给1岁的孩子购买了各种保险，总保额为20万元。但是孩子的父母却几乎没有买商业保险。这样做的风险是极大的。

不要忽视保险的重要性，尤其是处在事业上升期的年轻人，一旦生病或者发生意外，将给家庭带来巨大的打击。家庭的经济支柱应该是保险的主要对象。此外，关于孩子的保险有规定，18岁以下的青少年如果身故，能享受的最高保额为5万元，买多了也没用。

需要买保险的重点人群
事业上升期的年轻人

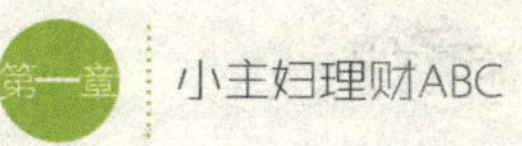

》》充分准备紧急备用金

很多家庭都忽视了这一点，股票、基金、房子一大堆，但是用于救急的现金很少。别忘了“Cash is king”（现金为王）！虽然把钱放在银行存活期没有多大的增值效果，但还是应该将3~6个月的收入作为家庭紧急备用金，以备不时之需。

4 不要妄想一夜暴富

理财是什么？许多人对于理财没有清醒认识，认为理财就是投资赚钱，有的人甚至认为，让一年内资产翻几番，才算真正的理财。

其实，这些理解是片面的。理财就是通过对家庭资产状况和理财目标的分析，制定长期的科学规划，让生活水平蒸蒸日上，最终达到财务自由的手段。一夜暴富不是理财，坚持长期投资的理念才是正确观念。

5 不盲目跟风

我们发现周围常常有这类人：股票涨了就投资股票、收藏品火的时候就投资收藏品、看黄金涨了就投资黄金。但实际上自己什么都不懂，只是盲目地跟风投资，投资之后往往就被套牢了。

如何避免这样的事情发生呢？要做的是在对自己的情况充分了解之后，再制定一个长期的理财计划，尤其注意，自己不懂的东西千万不要碰。

案例

Yoyo是个单亲妈妈，独自抚养一个年幼的女儿。虽然有房有车（无贷款），目前的收入尚可，但她深知靠一己之力把女儿抚养成人，经济上一点也不宽裕。她不能再像以前一样，毫不考虑地花钱，当下的每一步，都要想到未来。

Yoyo的风险偏好明显是稳健型的，对于高风险高回报的投资，她只能是望月兴叹，却无力承受。她将自己的财产分为几个部分来打理：

●女儿的教育基金

除工资以外的其他收入，包括年终奖、过节费等，她几乎全部存为定期存款作为女儿的教育经费。这部分钱在幼儿园阶段消耗得很快，节余很少，但到了义务教育阶段就可以沉淀下来绝大部分，用作大学或留学的费用。

●保险

Yoyo在保险上的投入不菲，除了社保，她自己的商业保险基本以养老和重疾险为主，由于她参保的时候很年轻，所以保费并不高，而且已经交了数年，再过几年就不用再缴费了，所以负担并不重。女儿的保险，她只选择购买了少儿互助金和大病补充医疗保险，这些足以应对疾病的挑战。这样的保险组合，使整个家庭抗风险的能力增强，无太多后顾之忧。

●基金

Yoyo平时工作家务繁忙，没有过多的时间关心股票等投资，因此选了两三只业绩中上、非常稳健的基金，每年坐等分红。红利作为母女俩每年的旅游经费。必要的时候，基金还可以变现应急。

●银行存款

因为收入稳定，Yoyo每月会固定从工资里转一笔钱做零存整取，积少成多，一年下来也相当可观，可以供家庭较大金额的开支，比如更换电脑，购置家具等等。剩余的工资作为日常开支。因为心中有数，Yoyo把这部分家用留得恰到好处，除了满足基本开支的需要，还有点小富余，偶尔可以来点小调剂，听个音乐会，开个Party啥的，这样，不至于让日子过得紧巴巴的，了无生趣。

妇人高见

Yoyo的理财经很平实稳健，最大的风险只是CPI，对于那些没有过多闲钱的主妇来说值得借鉴。

玩转银行

大家都觉得跟银行打交道挺麻烦，银行里人多，产品又杂，专业术语一大堆，一般人弄不清楚。不过，作为一个善于理财的小主妇，可不能发憷哦！花一点时间看完这一章，从此以后玩转银行！

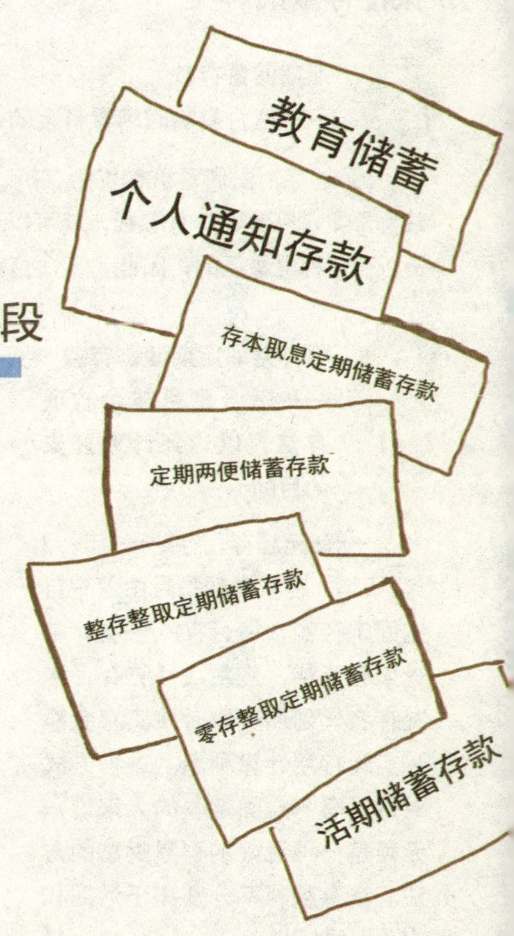

1 存钱是最简单的理财手段

虽然现在银行的利率很低，远远赶不上CPI的涨幅，大家都说存银行划不来，但不可否认，存银行还是我们大多数人值得信赖，又最简单的一个理财手段。普通的工薪阶层人士日常生活离不开储蓄存款，虽然说储蓄是最简单的一种保本理财方式，但并不是所有人都能完全掌握储蓄的多种形式，从而避免存款利息上不必要的损失。到底怎样存钱才合算呢？如何储蓄才能获取更多便利呢？在了解储蓄的种类、特点以及相关存取技巧后，存款时就能心中有数了。

银行存款的种类

A 活期储蓄存款
——适合有临时闲置资金的人群

1元起存，由储蓄机构发给存折，凭折存取，开户后可以随时存取。这种方式最为方便，只要手中有零钱，就可以及时存入银行，比如家庭备用金。活期的利率是所有储种里最低的，因此，不适合将大量闲置资金长期放在活期存折上。

B 零存整取定期储蓄存款
——适合每月节余款项存储，以达到计划开支的目的

一般5元起存，存期分1年、3年、5年，存款金额每月由储户自定固定存额，每月存入一次，中途如有漏存，应在次月补存，未补存者，到期支取时按实存金额和实际存期计算利息。这种方式对每月有一定固定收的人来说，无疑是一种最好的积累财富的方法。其存款利率分别高于活期和定活两便储蓄。

C 整存整取定期储蓄存款
——适合生活用款，存储既安全又获利

一般50元起存，存款分3个月、半年、1年、 2年、3年、5年和8年。本金一次存入，由储蓄机构发给存单，到期凭存单支取本息。这种储蓄最适合手中有一笔钱，准备用来实现购物计划或是长远安排的情况。要注意安排好存款的长短期限，避免因计划不当提前支取而造成的利息损失，因为提前支取，银行按活期存款利率付息。

D 定活两便储蓄存款

——适合一时无投资渠道、不知如何投资的人群

一般50元起存，由储蓄机构发给存单， 存单分记名、不记名两种，记名式可挂失，不记名式不挂失。存期一般有四个档次：一是不满3个月，二是3个月以上不满半年，三是半年以上不满1年，四是1年以上。不同期限存款的利息均不同。 兼有定期和活期储蓄之长，有活期的方便、灵活，又有定期的利率。

E 存本取息定期储蓄存款

——适合持较大数额现金的储蓄投资者

一般5000元起存。存款分1年、3年、5年，到期一次支取本金，利息凭存单分期支取，可以一个月或几个月取息一次。如到取息日未取息，以后可随时取息。如果储户需要提前支取本金，则要按定期存款提前支取的规定计算存期内利息，并扣回多支付的利息。这是典型的食利族的选择，不过，在投资渠道越来越宽广的今天，这种方式已经少人问津。

F 个人通知存款

——适用于拥有大额款项，在短期内需支取该款项，或短期内不确定取款日期的人群

个人通知存款是一种不约定存期，支取时需提前通知银行，约定支取日期和金额方能支取的存款。个人通知存款不论实际存期多长，按存款人提前通知的期限长短划分为1天通知存款和7天通知存款两个品种。1天通知存款必须提前1天通知约定支取存款，7天通知存款则必须提前7天通知约定支取存款。通知存款的币种为人民币。开户起存金额5万元；最低支取金额为5万元。

G 教育储蓄

——适合有需要接受非义务教育的孩子的家庭

是国家为了大力发展教育事业而推出的储蓄品种，它采用的是零存整取的存款方法和定期存款的存款利息，而且实行免缴利息税的优惠政策。起存金额50元，本金合计最高限额为2万元人民币，存期分为1年、3年、6年。

日常储蓄的小技巧

12存单法

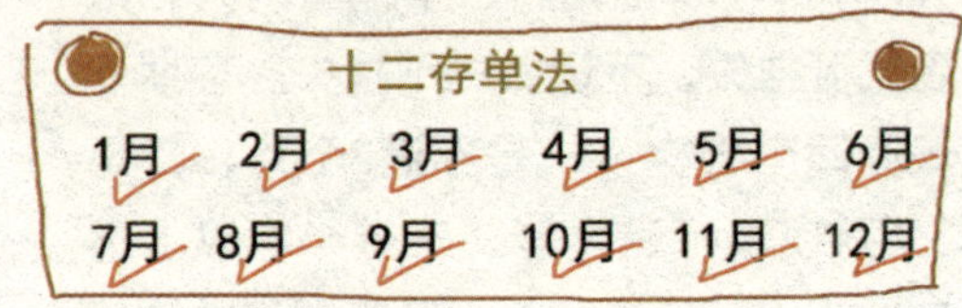

每月提取工资收入的10％～15％做一个定期存款单，切忌直接把钱留在工资账户里，因为工资账户一般都是活期存款，利率很低，如果大量的工资留在里面，无形中就损失了一笔收入。每月定期存款单期限可以设为1年，每月都这么做，一年下来你就会有12张1年期的定期存款单。当从第二年起，每个月都会有一张存单到期，如果有急用，就可以使用，也不会损失存款利息；当然如果没有急用的话这些存单可以自动续存，而且从第二年起可以把每月要存的钱添加到当月到期的这张存单中，继续滚动存款，每到一个月就把当月要存的钱添加到当月到期的存款单中，重新做一张存款单。

12存单法的好处就在于，从第二年起每个月都会有一张存款单到期供你备用，如果不用则加上新存的钱，继续做定期。既能比较灵活地使用存款，又能得到定期的存款利息，是一个两全其美的做法。假如你这样坚持下去，日积月累，就会攒下一笔不小的存款。相信你在每个月续存的时候都会有一份惊喜，怎么样？有成就感吧！当然，如果你有更好的耐性的话，还可以尝试“24存单法”“36存单法”，原理与“12存单法”完全相同，不过每张存单的周期变成了两（三）年，这样做的好处是，你能得到每张存单两（三）年定期的存款利率，这样可以获得较多的利息，但也可能在没完成一个存款周期时出现资金周转困难，这需要根据自己的资金状况调整。

另外，在实行12存单法的同时，每张存单最好都设定到期自动续存，这样就可以免去多跑银行之苦了。

●巧用通知存款

通知存款很适合手头有大笔资金准备用于近期（3个月以内）开支的。假如手中有10万元现金，拟于近期首付住房贷款，但是又不想把10万元简简单单存个活期损失利息，这时就可以存7天通知存款。这样既满足了用款时的需要，又可享受1.49％的7天通知存款年利率，这是0.5％的活期年利率的2.98倍。举例来说，50万元如果存7天期的通知存款，持有3个月后，以1.49％的利率计算，利息收益为1862.5元，比活期存款利息625元高出1237.5元；除利息税后，通知存款的收益要比活期存款高出2.98倍。

注：以上利率数据为2011年7月31日公布的即时利率。

理财提醒

如果投资者购买的是7天通知存款，若投资者在向银行发出支取通知后，未满7天即前往支取，则支取金额的利息按照活期存款利率计算。此外，办理通知手续后逾期支取的，支取部分也要按活期存款利率计息；支取金额不足或超过约定金额的，不足或超过部分按活期存款利率计息；支取金额不足最低支取金额的，按活期存款利率计息；办理通知手续而不支取或在通知期限内取消通知的，通知期限内不计息。关键是存款的支取时间、方式和金额都要与事先的约定一致，才能保证预期利息不会遭到损失。

●阶梯存款法

一种与12存单法相类似的存款方法，这种方法比较适合与12存单法配合使用，尤其适合处置年终奖金（或其他单项大笔收入）。具体操作方法：假如你今年年终奖金一下子发了5万元，可以把这5万元奖金分为均等5份，各按1、2、3、4、5年定期存这5份存款。一年过后，把到期的一年定期存单续存并改为5年定期；第二年过后，则把到期的两年定期存单续存并改为5年定期。以此类推，5年后你的5张存单就都变成5年期的定期存单，每年都会有一张存单到期，这种储蓄方式既方便使用，又可以享受5年定期的高利息，是一种非常适合于一大笔现金的存款方式。假如把一年一度的“阶梯存款法”与每月进行的“12存单法”相结合，那就是“绝配”了！

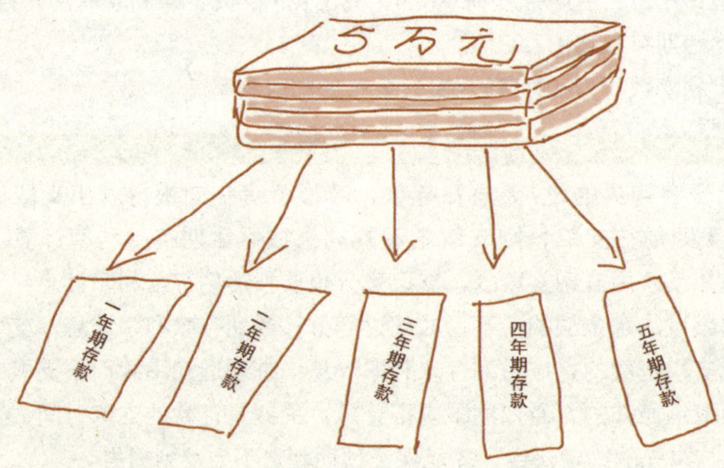

●利滚利存款法

所谓的利滚利存款法，是存本取息与零存整取两种方法完美结合的一种储蓄方法。这种方法能获得比较高的存款利息，缺点是要求大家经常跑银行，不过看在Money（钱）的份上，多跑跑银行也是值得的。具体操作方法是：比如你有一笔5万元的存款，可以考虑把这5万元用存本取息方法存入，在一个月后取出存本取息储蓄中的利息，把这一个月的利息再开一个零存整取的账户，以后每月把存本取息账户中的利息取出并存入零存整取的账户，这样做的好处就是能获得二次利息，即存本取息的利息在零存整取中又获得利息。不怕多跑银行的话可以试试这个方法。

●约定转存 不让闲钱睡大觉

如果对未来资金的需求不太确定，如果手上的资金还不充裕，不妨试试银行的“定活约定转存”业务，资金可以在定期账户和活期账户间自动划转。定活转存，需要存款人在银行设置一个转存起点和转存账户。假如开办的是转存起点为2000元，转存账户是1年定期存款的“定活约定转存”，只要你活期账户上的资金超过2000元，多余的部分就会自动转进1年期的定期存款，获取1年期定期存款的利息。在有资金需求的时候，活期账户上的资金不足2000元，银行会自动将资金从定期账户中“调度”到活期账户上，满足存款人的需要。

很多工薪族，单位会在固定的时间把工资打到银行的活期账户上。如果把约定转存的时间定在发工资的第二天，并且设定好转存额度（例如2000元），银行到时就会将2000元转到你所设定的定期账户上。这种业务有点类似于零存

整取，但是存款人不需要每个月到银行单独办理，可以省下不少时间。“约定转存”这种机制，还能从一定程度上保持投资人存款的连续性，银行充当了一个“自动存款机器”的角色，定时定额入账，有利于存款人的资金积累。

使用这种“定活约定转存”业务的时候，需要考虑的一个要素就是银行的转存时间。不同的银行，在活期转定期的时间上有所不同。假如银行每天都将多于2000元转存起点的资金转存到定期账户上，投资人获取的利息收益，肯定要大于一周才转存一次的利息收益。

●提前支取怎样损失最小

为了多获利息存了定期，可是期限还没到就碰上了急用钱的状况，这时，很多人的第一反应就是不管三七二十一把钱都取出来再说。当然银行对提前支取并不禁止，您只需持身份证和存折到原开户网点即可办理。但因为银行规定不论离到期日有多久，只要是提前支取就按照活期存款计息，这样储户便凭空损失了不少利息。

那怎么办呢？第一个选择是办理部分提前支取，用多少取多少，因为定期存款的提前支取可分为部分和全额提前支取两种，储户就可根据自己需要，办理部分提前支取，这样剩下的部分存款仍可按原有存单存款日、原利率、原到期日计算利息。举个例子，Sara于2010年11月20日办了2万元的3年期整存整取，今年11月10日却突然急用1万元，那么他可以提前支取1万，会比提前都取出来减少利息损失500余元。

第二个选择是办理存单质押贷款。仍以2万元存3年为例。因急用需全额提前支取，这张存单是以前高利率时（2010年时3年期年利率为2.70％）存的，而支取日距离原存单到期日只剩10天，此时可以用原存单作抵押办理小额贷款（比如6个月以内贷款利率为5.04％），等存单到期后再归还贷款，这样就可减少利息损失600多元。

》》单身一族先存款再消费

大多数女孩的单身期一般为毕业后工作的1～5年，这段时期的特点是：收入相对较低，但负担不重。除了吃和住的开销，其他花销主要用在社交、谈恋爱（虽然是女孩子，一样会增大支出）等方面。这段时期的理财不以投资获利为重点，而以积累（资金或经验）为主。这段时期的理财步骤为：节财计划→资产增值计划（这里是广义的资产增值，有多种投资方式，视个人情况而定）→应急基金→购置住房。战略方针是“积累为主，获利为辅”。

根据这个方针具体的建议是分三步走：存、省、投。

存。即要求你每个月雷打不动地从收入中提取一部分存入银行账户。一般建议提取10%～20%的收入。存款要注意顺序，顺序一

定是先存再消费，千万不要在每个月底等消费完了以后，剩余的钱再拿来存，这样很容易让存款大计泡汤。

省。在每月固定存款和基本生活消费之外，尽量减少不必要的开销，把节余下来的钱用于存款或者用于投资（或保险）。

投。在刨除每月固定存款和固定消费之后的那部分资金可以用于投资。比如：存款、买保险、买股票、教育进修等。

一般性投资建议

因为短期内不存在结婚或者其他大的资金花费，所以可以多提高投资理财的能力，积累这方面的经验。可将每月可用资本（刨去固定存款和基本生活消费）的60%投资于风险大、长期回报较高的股票、股票型基金或外汇、期货等金融产品；30%选择定期储蓄、债券或债券型基金等较安全的投资工具；10%以活期储蓄的形式保证其流动性，以备不时之需。当然你也可以根据个人实际经济状况以及个人性格等方面的因素，把这部分资金用于教育投入和保险投入，或者作相应的组合。

妇人高见

每月要先存款，再消费，千万不要等到消费完之后再存款。只有这样才能保证你的存款计划如期进行。

2 巧用银行卡

我先生经常取笑我，说我兜里一分钱没有也敢上街。我理直气壮地说，没钱怕什么，我有卡！这是一个卡的时代，各种纷繁复杂的卡，给我们的生活带来了无与伦比的便利。我是各种卡的忠实拥护者，三个卡夹里，几乎能找到所有银行的卡，卡让我的生活更美好。

》》VIP卡

拥有一张银行的VIP卡，不仅仅是身份的象征，还可以享受诸多的实惠和便利。如果你的资产够得上成为某家银行的VIP客户，那千万不要错过哦！

一般人都知道，在所有银行的营业厅里都有间VIP室，此外，在银行的财富中心里，还有装修辉煌的高级贵宾室。可是，你知道成为银行级别不同的VIP，

都需要哪些条件吗？成了VIP，与普通客户相比，都能享受到哪些特别的服务呢？另外，购买银行理财产品VIP客户的收益会高些吗？要了解这些，就需要亲身体会下。

我几年前成为某国有银行的白金VIP，真实体会到了VIP客户的优越性。不仅少了排队的烦恼，再也不必支付那些杂七杂八的银行小费：像密码挂失费、卡挂失费、换卡费、账户管理费等，而且还有不少“小灶”吃呢！

●想做VIP 条件是“有钱”

整体看，各银行目前吸纳和评选VIP客户的标准主要有三项。

其一是资产

当客户在一家银行（有的银行要求是分行）的个人金融资产超过一定数量时可申请成为VIP。金融资产不仅包括存款，还包括国债、基金、理财产品等，而工行还包括股票在内。时下，随着各银行对VIP客户的竞争日趋激烈，不少银行逐渐放低了VIP的准入门槛，如农行日均金融资产达到10万元便可申请，中行和建行也将准入门槛的资产额度降为20万元，而邮政储蓄更是降低为5万元。不过，对于大多数银行而言，准入门槛大多规定为同一分行金融资产达到30万元或50万元，尤其是外资银行，门槛还是不低的。

其二是贷款

有的银行规定个人贷款超过一定量且还款正常者也可成为VIP。如建行规定，一年内个人贷款月均金额达到50万元（含）以上，还款记录良好，无不良记录的客户可申请理财金卡。

其三是高端人群

如政府官员、对公业务单位的高管、明星等人群申请VIP，银行也给开绿灯。

其四是购买理财产品达到一定的额度

大部分银行将存款和理财产品都计入客户在本行的金融资产，客户购买保险、基金、国债、本外币理财产品等金融产品达到一定的数量，也能成为VIP客户。

还有一条是银行卡消费金额

建行规定，一年内龙卡消费额累计在5万元（含）以上；中行规定银行卡年消费达15万元人民币（不包括购房、购车、装修等一次性大额刷卡消费）以上。

与普通客户相比，高端客户能享受到多项优惠。

Mary是工商银行的准私人银行客户，人到中年的她投资风格较为保守，一般都只选择一些基金和银行理财产品。

最近，Mary购买了工行一款27天人民币理财产品，预定收益率是2.3%，比普通的理财卡客户高出0.3%个百分点。Mary透露，工商银行会经常向她推荐多种理财产品，据说都是给高端客户专门定制的产品。“最近介绍的一款股票质押产品，如果买300万元，1年收益就是6.5%，但买1000万元的话，收益率就达到了6.8%。”

事实上，VIP在汇款转账费、异地取款费以及购买理财产品的收益率上确实有着较大的差异。以理财产品为例，普通客户1年期人民币理财产品收益只有3.7%左右，而财富室客户购买同样产品收益可达4.7%，高出1%。另外，像Mary

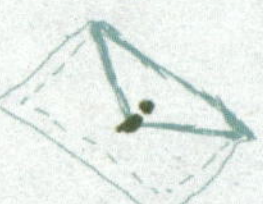
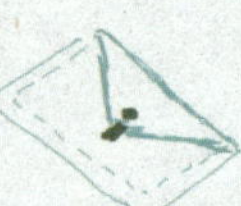

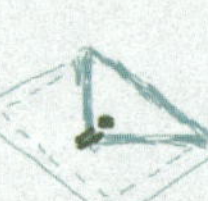
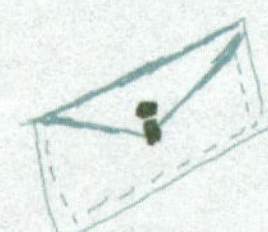
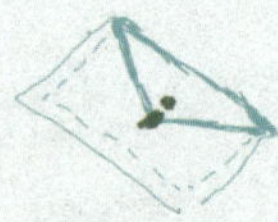

这样资产已达到800万元私人银行标准的客户，除汇款手续费减免，提供登机服务、全球SOS的常规贵宾服务以外，还包括专属产品定制，例如，像上面提到的股票抵押基金等。

不仅如此，几乎所有银行均为VIP们提供多种增值服务。以招行为例，招行的金卡客户可享受转账汇款、异地取款等费用优惠，其钻石客户更可享受高额的免息个人消费贷款。金葵花客户还享有该行为其准备的“金葵花”贵宾候机厅，客户在招行的资产值越高，可享受的免费贵宾登机服务次数越多。

再说说建行，“建行财富”客户在差异化传统银行方面有近50项价格优惠，优惠项目涵盖通过建行进行的各项行内外汇款、转账业务，借记卡、信用卡业务等大部分传统银行业务，同时，对整存整取、通知存款、定活两便等各币种存款推出了单笔定期存款额在100万元（含）至1亿元（含）的大额储蓄存款等服务。

而汇丰卓越理财客户可免费享受于汇丰中国内地各分支行之间的异地现金存取服务，用汇丰卓越理财借记卡从全球的汇丰集团ATM机上免费提取现金，对5000美元以上的票据/旅行支票托收免收任何费用等服务。

同样是银行的同一级别贵宾客户，一个常年购买不同理财产品和服务；另一个账上的钱长期趴在那里睡大觉，获利长期低息。银行会更看重哪一个？

答案毫无疑问是前者。如果低级别的客户贡献率足够，即使资产没有达到标准，也可享受高级别贵宾的服务。

除规定的标准贵宾服务以外，工行还实施了客户星级评级体系。例如，普通的理财金卡，虽然没有达到100万的财富客户要求，但是这个客户贡献度大，

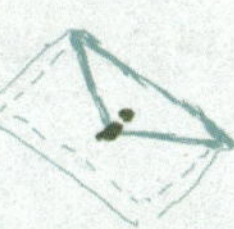

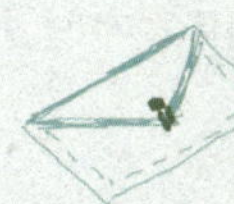

有金融产品的买卖，还有理财配置，那么银行就会给予他较高的星级，他可完全享受财富级客户的服务：汇款3折；购买理财产品收益率更高；异地取款完全免费。

与中资银行相比，一部分外资银行的VIP客户服务制度稍显不同，首先是成为VIP客户的门槛不同，外资银行的投资门槛相对较高，例如汇丰、花旗、东亚等准入条件均为50万元人民币或等值外币。

另外，有些外资银行的业务形式与国有银行也不相同，如渣打银行并没有借记卡，客户在取款的时候凭借的是个人签名及身份证。还有，外资银行所针对的群体多数为外籍用户和资产较多的用户，并未普及到老百姓，所以VIP的服务也只是针对一些高端用户。

相对来说，外资银行VIP客户享受的服务范围更为广泛，如汇丰银行VIP客户可以享受全球ATM取现免费，海外汇款、外币现钞转兑免费等优惠。而且因为客户数量相对中资银行少得多，所以服务水准明显也高个档次。

●办卡后不达标小心被收费

VIP身份虽好，但有一点需要注意：VIP服务并非是免费的午餐，一劳永逸的。“今天存款办卡成为VIP用户，明天就取走现金”在大多数银行都不可行。更有甚者，对于条件不达标的VIP客户，银行会收取一定的账户费或服务费，这个费用较普通用户可要高得多。如建设银行规定，办卡后连续3个月达不到条件，银行会通知在10个工作日内必须满足条件，否则自第四个月起收取账户管理费，金卡为240元/年，白金卡为360元/年。而交行、招行等也会对不达标的VIP客户收取每月10~30元不等的费用。渣打银行虽然办卡没有门槛，但若平时资产不达标，每月要被收取150元的账户管理费。

此外，中行、农业银行等均有规定对不达标VIP客户收费，且费用还不少，只是现在暂未征收。因此说，银行VIP并非适合所有人。

●银行VIP客户吃哪些“小灶”

随着金融服务创新，除网点排队享有优先权外，银行VIP客户还享有银行收费、个人贷款、信用卡额度等传统业务的优待。

如各家银行对VIP客户都有贷款利率方面的优惠，且优惠程度还较为可观。建设银行的VIP客户在个人贷款（不包括房贷）上可享受5%~10%的利率优惠，算这样一笔账，办理50万元的5年期个人消费贷款，如果利率可以下浮10%，那么，以现在的贷款年利率5.96%计算，VIP客户便可以节约7000多元。

此外，在信用卡风行的今天，VIP独有的更高信用额度，也令人艳羡甚至妒忌，如建行白金卡持卡人额度为5万元，而普通持卡人额度一般不超过1万元。

VIP客户还可以专享一对一的理财服务，有专门的理财师为客户量身定做投资规划、保险规划、养老规划等。而普通客户则是只能在缴纳了一笔不菲的理财顾问费后才能享受这一服务。同时，VIP客户在购买银行理财产品时，也可享受比普通客户更高的理财收益率。

除了银行内部的一些业务外，一般来说，VIP客户还有机会参加由银行组织的各种更人性化的回馈和服务活动，如有些银行会组织不同类型的客户参加旅游、登山、品红酒、高尔夫等较为高级的休闲娱乐活动，有的银行还给客户提供健康查体、家政服务、子女游学、机场贵宾通道、健康保险等个性化服务。

附：部分银行VIP门槛一览

特别说明：以下金额，无特别说明均指人民币。

工商银行——理财金卡、财富卡、白金卡

各项金融资产（包括存款、基金、国债、股票）达到30万元（或等值外币）或工行评估的五星级（含）以上客户可办理财金卡。季度累计存款达到100万元（或等值外币）或工行评定的六星级（含）以上客户可办财富卡。

建设银行——乐当家理财卡（金卡、白金卡）

- 一年内在建行的金融资产月均余额在20万元（含）以上，白金卡50万元（含）以上。
- 一年内在建行贷款的月均余额达到50万元（含）以上，白金卡100万元（含）以上，且还款情况良好。
- 一年内刷卡消费在5万元（含）以上，白金卡10万元（含）以上。

以上条件满足一项即可。

中国银行——中银理财卡

- 在北京中行金融资产（包括存款、债券、基金等）总额达到20万元。
- 个人贷款余额达到50万元以上。
- 信用卡年消费达5万元（不包括购房、购车、装修等一次性大额刷卡消费）。

三者满足其一。

中国农业银行——金穗VIP卡（金卡、白金卡、钻石卡）

申请时在农行的金融资产达到10万元（含）~100万元或等值外币可办金卡；100万元（含）~500万元或等值外币可办白金卡；500万元（含）以上可办钻石卡。

交通银行——交银理财卡

申请时交行账户金融资产达到50万元（含）以上。

招商银行——金葵花理财

北京地区同一身份证下在招行的总资产达到50万元（含）以上。

兴业银行——白金卡、黑金卡

在该行日均资产达到30万元（含）以上，可成为白金卡客户；日均资产达到100万元（含）以上，可成为黑金卡客户。

中信银行——理财宝白金卡

同城中信银行内的个人存款、理财产品等累计达到50万元及以上。

浦发银行——金卡、钻石卡

上个月日均金融资产达到30万元（含）以上，可以办白金卡；100万元（含）以上，可办钻石卡。

深发展银行——白金卡、钻石卡

90天内日均金融资产达50万元及以上，可办白金卡；200万元及以上，可办钻石卡。

华夏银行——金卡、白金卡

申请时账户内金融资产20（含）~70万元，可办理金卡；70（含）~700万元，可办理白金卡。

北京银行——金卡、白金卡

上一季度日均金融资产达20万元及以上或等值外币，可办理金卡；50万元及以上或等值外币，可办理白金卡。

邮政储蓄银行——VIP

上一季度日均金融资产达到5万元以上。

汇丰银行——卓越理财VIP

中国内地同一客户号码下的所有账户存款及理财产品的月内日均总余额在50万元及以上或等值外币。

渣打银行——优先理财白金卡

每月日均金融资产达70万元及以上或等值外币，否则收取每月150元账户管理费。

东亚银行——显卓理财VIP

每月的总资产日均余额在50万元（含）以上或等值外币。

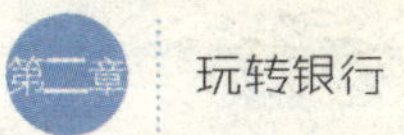

》》信用卡

我工作的第一个月，单位就发给我一张额度为500元的信用卡，在上个世纪90年代初，这并不是一件很普及的东西，而那时候我的基本工资是197元。因为拥有了这张可以透支未来的宝贝，我很长时间里对自己的收入和支出都搞不清楚，反正借了还，还了借，觉得日子挺惬意的。直到有一天，我兜里各家银行的信用卡多得自己都糊涂了。我经常搞不清还款日期和金额，甚至有些卡办了就被束之高阁，不得不为此付出高额的年费，这时我才决定认真处理一下信用卡的问题。

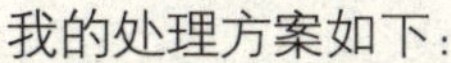

我的处理方案如下：

我把与工资卡同一个银行的信用卡设定为主打卡，平时消费基本都用这张卡。一来与工资卡绑定方便还款，二来信用卡可以积分和打折。其他银行的信用卡则被我逐步替换成各种不同功能的卡，比如建行汽车卡，工行同心卡等。这样可享受更多的优惠和活动。

另外，我有个原则，日常生活能刷卡的一律刷卡，甚至帮单位采购或者帮亲戚朋友买东西，我都是把钱先存到我的工资卡里，然后拿着绑定的信用卡去刷卡采购。通过这样的方法，我给信用卡积攒了不少积分。除了信用卡积分外，我给工资卡办理了一个短期的理财品种，钱只要存进去一周就会有高于银行的利息。在离信用卡还款还有10天的时候，我再支取这种理财品种，把工资卡转成活期，到还款日银行就自动把钱划走。这样做尽管麻烦，但是每月都能收到几元到几十元不等的利息，一年下来攒个千八百的利息是不成问题的。

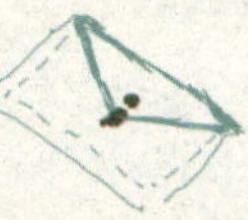

巧用银联卡

第1招 **跨行交易认准银联标志（包括境内外）**

不同银行发行的银行卡能够在带有“银联”标识的ATM机和POS终端上统一存取款或消费。

第2招 **牢记95516和发卡银行客服电话**

在用卡过程中一旦出现无法解决的问题，及时拨打中国银联的客服电话95516和发卡银行客服电话，以减少不必要的损失。

第3招 **经常登录银联和发卡行网站**

获取最新优惠信息。

第4招 **刷卡消费要活用借记卡与信用卡**

借记卡和信用卡配合使用，通过参加刷卡消费等优惠活动，获得抽奖机会和积分。

第5招 **巧用银行免费渠道进行银行卡余额查询**

经常查询，做到心里有数。

第6招

采用中国银联“62”开头国际标准BIN号卡

这种卡不仅可以境内使用，还可以境外消费结算，让持卡人潇洒走出国门。

第7招

境外刷卡注意选择银联网络，少花2%的货币转换费

出境旅游者在国外及港澳地区消费，国际卡组织在换汇业务中都要收取部分的货币转换费，即服务费。而目前，卡号为62开头的“银联标准卡”持卡人在境外消费时，银联方面只按规定汇率进行货币转换，少花2%的货币转换费。

第8招

注意农村信用社银联标志，边远地区也可跨行用卡

如果去到一些边远地区，这种卡就有优势了。

第9招

使用银联网络及时对信用卡跨行还款，免去利息费用

只要持有已开通跨行还款的入网机构的银行卡，便可随时在具有银联网络的ATM进行自助操作，轻松完成银行卡跨行转账，交易资金瞬间从一张银行卡账户划入另一张银行卡账户，实时到账，方便快捷。

第10招

注意当地银联创新业务优惠信息，手机、电话缴费既方便又实惠

足不出户，就可轻松缴费。

第三章

奢侈品理财入门

前几天路过一家LV专卖店的时候，我开玩笑地建议我的男上司，买个LV的包送给他夫人做生日礼物，不仅能博夫人芳心，还能保值增值。上司马上回绝了这个建议。首先，他觉得花几万块买一个容易被山寨的，仿品卖菜大妈都背的包很不值得，其次，他说夫人不是个爱惜东西的人，用脏用旧了东西就不值钱了，如何增值？由此可见，奢侈品这一独特的资产领域虽然进入了人们的视野，但多数人还是觉得离自己很遥远。其实，奢侈品投资是很适合爱美爱购物的时尚主妇们的。这种在消费中享受，在享受中收藏，在收藏中增值，边玩边赚、一举两得的高品位个性理财方式值得大力推荐。

1 是Luxury不是Extravagance

外国人理解的奢侈品和今天大部分中国人理解的概念有所不同。我们今天所说的‘奢侈品’是从英文Luxury翻译过来的，它的原意是一种豪华、华贵、精致而珍奇的东西，总之是做工出色，用材到位的，有很深的文化内涵在里边。但中国人却把奢侈品看成是铺张浪费，过度炫耀的东西，是个贬义词。这和Luxury的原意相差很远，变成Extravagance（挥霍浪费）了。许多中国富人热衷追逐奢侈品也的确是为了炫耀自己有钱，带有暴发户心态，因此引起了很多国人的反感，引起了不必要的仇富心理。

花钱购买了超过自己经济承受能力又不是必需的商品或服务，就可以被看成是一种奢侈的行为。人们为何钟情于奢侈品的消费呢？究其原因，是因为奢侈是一种感受，虽不是生活必需品，但它能体现自己的生活水准、品味、兴趣和价值取向，尽管有时候看来这种消费带有少许的浪费，但却能给人带来超乎寻常的满足感。

奢侈品投资却不一样，这种投资，要的不是炫富，而是使资产保值甚至升值，这种奢侈品与单纯消费不一样。奢侈品投资需保持低调的奢华，而不是高调的炫富，否则暴发户的嘴脸立刻暴露无遗。

2 价值与价格

奢侈品的价格无疑是令人咋舌的，但心与行一致，价格就没有背离价值。

收藏奢侈品讲究的是过程的体验，如果只是单纯考虑升值空间的话，那买房子炒股票带来的收益显然更大，风险也更低。我觉得让奢侈品的价值变成使用价值，一点点用出来是收藏奢侈品的目的之一。在使用奢侈品的过程中，获得的社会地位提升，这也是升值的一个方面。

如果只是为了投资而投资，为了收藏而收藏，只是因为别人说会升值，就去买一幅自己看不懂也不喜欢最后堆在仓库里的名贵油画，那还不如不买。如果真的懂画也喜欢画，花大价钱买回的画挂在客厅里，每天去欣赏它，边使用边升值，这种投资就很值得了。

选择使用型的奢侈品时主要有哪些考虑呢？一是这个东西是否精致、独特、稀有、做工考究，二是是否符合自己的美学和设计品味，三是自己是否能用得上它。虽然是从消费的角度去考虑的，但实际上在挑选奢侈品时已经设定了一个极易升值的标准：精致、独特、实用、稀有，有的还是限量版的。因此，这些奢侈品经过岁月的洗涤后，能散发出持久魅力，在不知不觉间就实现了资产的增值。

与那些一味追求升值而购买奢侈品的投资者相比，这种收藏理念不但更加从容淡定，而且不会受到外界市场变化的影响。金融风暴席卷全球后，许多世界著名奢侈品价格出现了跳水，但如果是自用，并不急于出手，则完全不受其影响，因为所买的奢侈品，价值每天都在使用中体现出来，升值或者贬值都只是一种心里感觉而已。对别人来说，这个奢侈品的价值可能发生变化了，但在我们自己心里，其价值永远不会变。套用一句烂俗的话“贬或不贬，钻石的光芒都在那里”。

我的女朋友Carol是个全职太太，家境优越。有钱有闲的她对奢侈品很有见地。她买过最有价值的奢侈品，应该是一瓶拉菲（Lafite）红酒，当时大概花了10万多元购入，这款酒应该说是比较具有投资价值的，这几年都有一定幅度的增值。红酒这个产品虽然是现在国际上比较新兴的理财产品，但她认为应该把投资工作交给专业的葡萄酒投资服务机构来做，从品酒、挑酒到藏酒，需要花费不少的时间和精力，一般的消费者还是比较难以涉足的。她兴趣更大的是实用型奢侈品消费。她每个重要阶段，比如结婚，怀孕，生子，老公都会体贴地送一款名牌女包作为礼物。从最初耳熟能详的LV（路易威登），到更贴近她气质的BV（宝缇嘉），再到顶级的爱马仕铂金包，Carol在尽情享受这些名包带来的美丽、高贵的同时，实际上也是在进行着财富的积累。

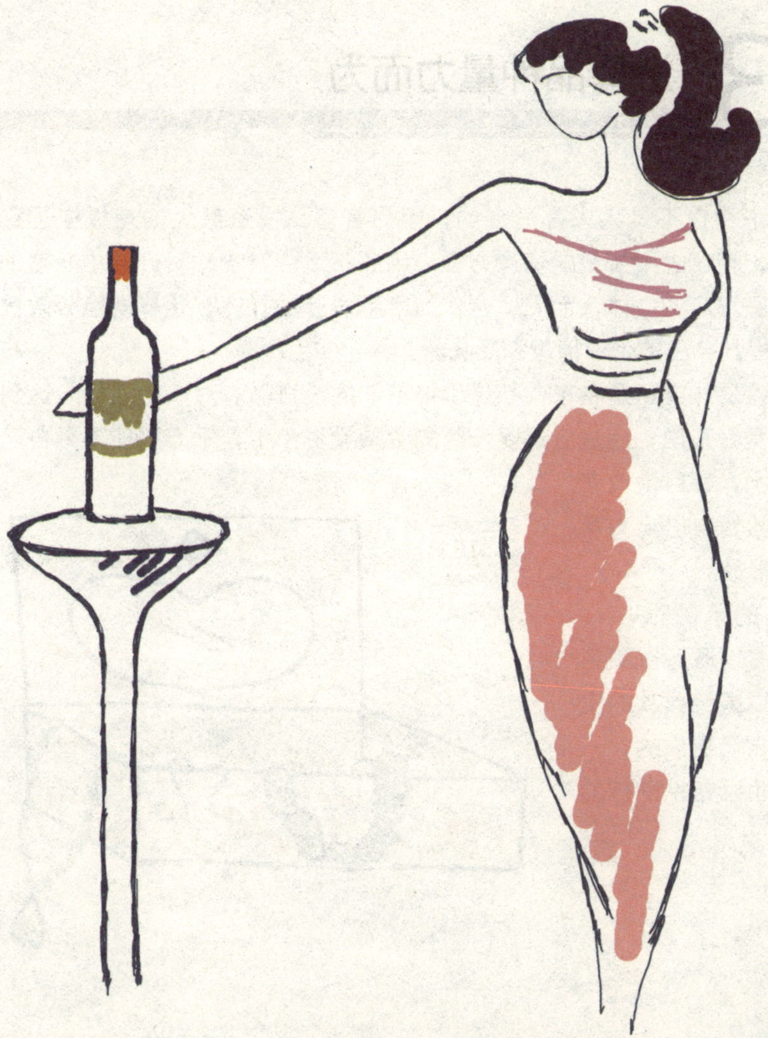

3 选择品种量力而为

奢侈品消费也不是人人都适合的，因为奢侈品投资最大的短板在于它的流动性较差，转让时不如金融资产方便。因此不适合对流动资产需求旺盛的人群，作为家庭资产的主体，而更适合作为家庭资产的补充，这样既能分散投资风险，又能提升自己的生活情趣和品味。

不过无论是珠宝还是名车，都是价格不菲的投资品。对于生活还未达到富裕的普通消费者来说，还是应该以传统的金融投资为主，千万不能不顾自己的实际财务状况，盲目地或者硬着头皮去投资自己无力承受的昂贵奢侈品。

奢侈品的范围很广，投资品种繁多，既可以买名贵珠宝也可以买经典款的皮夹。只要是自己喜欢的，一样能给你的生活带来别样的享受。

4 盘活奢侈品有妙招

许多人不敢投资奢侈品，主要是担心奢侈品难以变现，资金容易被卡死在其中。但这并非无法解决，一种办法是在奢侈品价格出现上涨后，通过出售、拍卖等手段，将投资兑现，从而盘活资产。珠宝、名表、名酒、名车等主流的奢侈品在民间都有比较活跃的交易市场。Vivian是个葡萄酒爱好者，2006年她买的一箱法国产的葡萄酒，如今已经涨了120%。通过朋友开的葡萄酒专卖店，她把半箱葡萄酒卖了出去，不但自己免费享用了剩下的半箱葡萄酒，还有得赚，从而实现了“以物养物，以酒养酒”的目的。

除了升值抛售盘活资产，出租限制奢侈品以换取现金流也是一个不错的办法。我的同学Candy是一个空姐，平时最大的爱好就是购买各种名贵皮包，但又用不了那么多。一次她的一个小姐妹来她家玩看中了一个闲置的LV皮包，Candy就借给了她。随后她的朋友喜欢上了这个皮包，就提议租下来。于是Candy便起了将自己不用的皮包出租出去赚租金的念头。因为有些女士在出席重要场合时需要随身携带一个名贵皮包，但又由于囊中羞涩而无力购买，Candy出租皮包的想法正好解决了这些人的烦恼。当然，等到皮包过时了或者用久了，Candy就把皮包挂在二手包店，以较低的价格出售出去，从而既满足了自己的购物欲，又最大限度地盘活了资产。

5 奢侈品基金值得关注

投资奢侈品，不一定要直接购买昂贵的商品，也可以借道基金分享奢侈品升值带来的红利。资料显示，从2001年到2006年，MSCI世界指数的年化回报率仅为5.54％，但美林奢侈品及消闲指数的回报率却高达53.63％。除了诱人的高额利润，奢侈品基金的变现也容易得多。而且奢侈品基金抗跌性也有明显优势。与一般消费品市场比，奢侈品市场受整体经济走势周期性影响不太明显。对于资金并不宽裕的投资者来说，拿出一部分资金投资奢侈品基金无疑是个不错的选择。

如香港巴克莱就曾推出过一支“娱乐奢华超越基金”。主要参与娱乐及奢侈品行业投资，其投资范围包括奢侈品集团巨头，也会买入赌场、酒店、航空、旅游和烟草等娱乐行业。不过国内目前尚没有类似基金，国内投资者想要投资奢侈品基金，眼下恐怕还得去海外投资。

6 判断升值潜力三要素

从升值潜力角度看，奢侈品可以分成两大类：一类是日常消费品，不属于珍稀品种，收藏价值不大，其价值会随着时间的流逝而不断老旧、贬值，比如顶级香水，主流型皮包、高级服装等等。另一类，则是具有收藏价值的经典种类及款式，它属于硬通货，具有保值，升值作用，如爱马仕限量版铂金包。

所以，并不是所有的奢侈品都具有投资价值，而判断奢侈品是否具有增值潜力，主要可以考虑这样三方面的因素。

●具有高价格和高品质特征

你要确定所购买的奢侈品具有极其优良的品质，技术、人文、设计、社会、历史等因素都应该成为关注的焦点，一个被热炒，但质量不佳的产品（诸如很多纪念性质的高价产品），通常不具有任何保存性和保值性。等到你期望出手的时候，这件产品就会因为折旧、过时或者无人关注而失去市场吸引力。

●具有稀缺性特征

众所周知，价值约700美元普通的路易威登（Louis Vuitton）包并不具有投资性，而标价3万美元的路易威登貂皮Monogram手袋，2万美元迪奥（Dior）鳄鱼皮手袋，价值189万、镶有334枚碎钻的香奈尔（Chanel）双链手袋等等，则因其限量版的特质，均拍出过高价。另外，最近流行的紫檀木、黄梨木制品也因原材料的短缺，价格持续走高。

●具有炫耀性特征

不要忘记，奢侈品的本身定义就是可以用来炫耀财富、身份，体现生活品位的产品，因此，必须注重其本身是否能与普通的实用产品做出区别，以便受到高端市场的青睐。具有超出实用价值的“符号价值”，例如，“皇家”“御用”“名人”等标签，都是二级市场非常敏感的关键词。

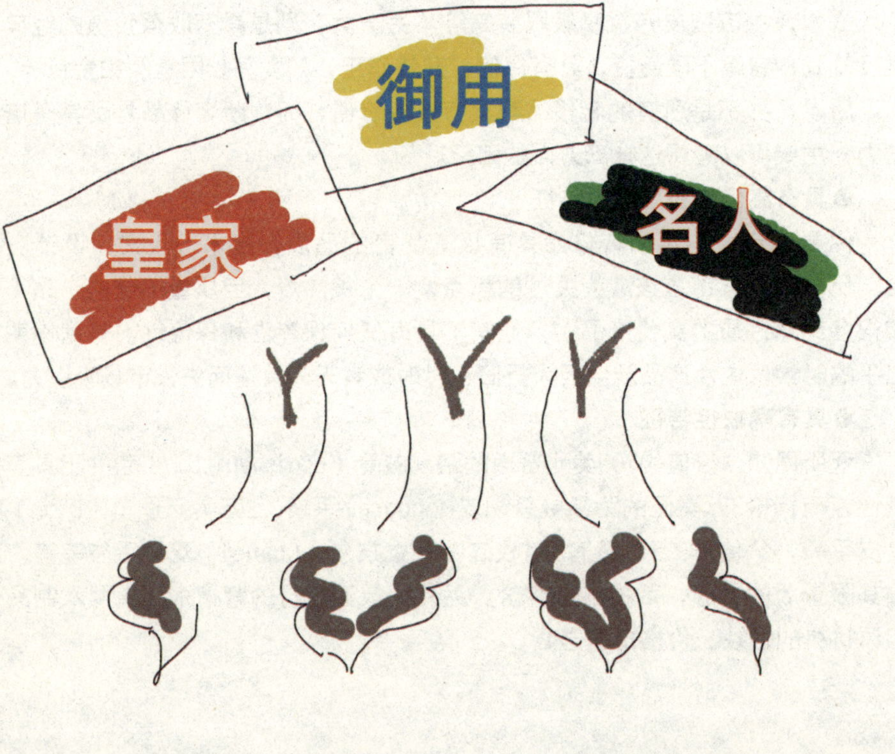

7 最具升值潜力的奢侈品

》》高档珠宝

高档珠宝由于其特殊的材质、复杂的工艺以及丰富的人文历史内涵一直是投资市场首选产品。对于珠宝行业而言，最近的金融危机影响到的基本限于中低价位产品，单价5万美元以上的珠宝市场仍保持着良好的上升势头。特别是钻石类珠宝，屡屡在拍卖行创出天价。2007年底，哈利·温斯顿（Harry Winston）出品的一枚23.14克拉（D，VVS2）方形钻戒拍出261.7万美元，2008年，伦敦佳士得秋拍一颗36克拉的蓝色维特尔斯巴赫钻石（Wittelsbach Diamond），最后以2430万美元天价成交，刷新珠宝类拍卖的世界新高纪录。中国投资者较为喜爱的珠宝品牌包括卡地亚（Cartier）、蒂芙尼（Tiffany）、宝诗龙（Boucheron）、香奈儿（Chanel）、梵克雅宝（Van Cleef & Arpels）、宝格丽（Bvlgari）、哈利·温斯顿（Harry Winston）等。

》》机械腕表

复杂的瑞士产机械表一直是投资市场关注的另一焦点。由于现在的腕表机芯技术仍然局限于少数制表商手中，所以，机械腕表要大幅提高产量十分困难。机械腕表由于其供求的不平衡性，在拍卖市场一直具有显著的上升空间。百达翡丽（Patek Philippe）出品的一款具有24种功能的18K黄金怀表在1999年

拍出1100.23万美元的高价纪录一直难以超越。并且，高档机械腕表品牌经常会回购一些腕表作为博物馆馆藏，这一行为，间接操纵了二手市场价格，使腕表的拍卖价格不断攀升。另外，很多钟表爱好者都会拥有特定品牌的多款贵重腕表，导致其“持有度”高度集中，这也是腕表价格居高不下的另一原因。中国投资者比较熟悉的品牌包括劳力士（Rolex）、百达翡丽（Patek Philippe）、江诗丹顿（Vacheron-Constantin）、爱彼（Audemars Piguet）、欧米茄（OMEGA）、万国（IWC）等等。

》》瓷器

瓷器具有历史价值、工艺价值两大最重要的奢侈品特点。瓷器在亚洲拥有很高的认知度，导致其一直受到亚洲买家的青睐。2003年，新加坡收藏家以8000万天价购买了4件毛瓷（当代官窑）酒具，创下近代瓷器拍卖史佳绩。就算以皮具和丝巾闻名的爱马仕品牌，非主营产品的瓷器用品也在中国创下佳绩，北京爱马仕专卖店曾有过买家一次购买60万元瓷器的记录，可见国人对此产品的高度热衷。除了国瓷以外，海外瓷器产品也有良好的表现，高宝（Goebel）的艺术家音乐首饰盒系列，每年均保持着5％的售价涨幅，而喜姆（Hummel）瓷器所推出的限量版娃娃系列，则更有10％的年均涨幅。

》》红酒

红酒是最近快速发展起来的奢侈品投资产品，其收藏量近几年来年均增长高达15%。不久前，红杉资本中国基金成为国内顶级奢侈品代理商耀莱集团的第二大股东（占股14.9％），其中主要原因就是耀莱签下了拥有全球最贵红酒品牌柏翠（Petrus）的法国老牌酒商佳酿集团（Groupe Duclot）的中国代理权。全球排名前100名的波尔多酒庄约20%的销量都来自这个顶级酿酒商。以近几年投资市场走势分析，波尔多地区产的10种年份葡萄酒，收藏3年的投资回报率为150%，5年的回报率为350%，10年的回报率为500%。仅以2005年的拉菲庄园红酒（Chateau Lafite-Rothschild）报价来看，最初价一瓶约350欧元，1个月后跳高到450欧元，3个月后更涨到1150欧元，升值潜力巨大。在红酒市场，购买收藏产于波尔多、勃艮第等顶级五大酒庄的红酒几乎是稳赚不赔的保障，1982、1986、1989、1990、2000、2005年份酒更是抢手。

》》高档汽车

曾经有人说过，当一辆汽车被开出专卖店的时候，它已经跌了一半的价值，而法拉利等高档汽车却对这样的说法嗤之以鼻。法拉利（Ferrari）1962年产的330TRI/LM以928万美元的成交价创下了近15年来汽车拍卖的最高纪录，并有五款不同车型的法拉利都成功地以高于500万美元的价格转手。由于高档汽车的产量远远及不上订单量，所以，原本限量款的车型就成了“移动金库”。售价约65万美元的法拉利Enzo系列年产400台，而其第一年的订单就超过了1000份。售价约18万美元的F430，二手市场价格也超过了30万。另据劳斯莱斯（Rolls-Royce）销售团队统计，该品牌年产200台的Phantom系列，售价约46万美元，而其目标客户群是人均净资产超过3000万美元的人群，这群人在全球有接近10万人，供需之间差距巨大。一台产于1904年劳斯莱斯二气缸/10HP在伦敦拍出了725万美元的单价，足见其珍贵程度。

8 不具有投资价值的奢侈品

季节性食品

美味的意大利白松露曾在澳门巨星拍卖会上创出3千克15万欧元的天价，而一般投资者却一直无法对这类用来满足口腹之欲的产品下手。松露之类的季节性食品不但不能久存，且流通市场也相对狭窄。那些经营这些美味而高档食物的米其林餐厅，都有固定的供货商在第一时间提供最新鲜的美味。因此，你很可能无法及时找到出售的下家，眼睁睁地看着这些美味以小时计的速度贬值。

高级成衣

除非你是明星或者名人，否则，无论你购买了多么有名的设计师的高级成衣，都很难把二手衣卖出高价。高级成衣中，很大一部分都是礼服，它的特点就是会随着你的出镜率而迅速变得一文不值（一般而言，在公开场合同样的礼服只能穿着一次），而且一旦过季，这些美丽的布料就直接会成为你压箱底的物品。就连普拉达（Miuccia Prada）也发现了这类产品的贬值性，开始在新一季的设计中尽量减少对工艺复杂的面料使用，降低其购买成本。

皮具制品（非限量版）

皮具制品的问题并不仅仅在于其会过季，一个充满皮革气息，手感柔软，皮质鲜亮的提包，哪怕你再精心保存，几年后都会因为皮质本身的特性变得暗沉，失去以往光鲜的外表。仅以二手店最好寄卖的LV皮包为例，一个九成新以上的经典款，二手店的回收价格大约是专卖店价格的五到六成，出售价格为专卖店价格的七成。请注意，这还是指经典款。而那些具有非常典型的年度款特征的（换而言之，就是一看就知道是过季款，比如曾经热卖的樱桃包），收购价格仅为标价的三成以下，收购前提是必须能出示发票等能证明是真货的证据，并且保存良好。

飞机、游艇等私人交通工具

这类产品由于其高昂的售价，站在了奢侈品市场的最高端。而其贬值的迅速程度也是奢侈品市场名列前茅的。2008～2009年度，游艇的价格呈现了首度暴跌趋势，3000万美元以上的游艇，折扣最高可达33%。而且，此类产品的维护成本也相当高。私人喷气机生产商庞巴迪（Bombardier）2009/2010财年的飞机订单下跌超过二成以上，而全球待售的二手私人喷气机数量也在近年上升62%，创下新高。

相机等精密产品

你千万不要小瞧了拍照这个兴趣爱好耗费你的金钱量。一个Phase One P65+后背售价为4万美元，适马APO200-500f/2.8EXDG镜头约2.5万美元，这仅仅是你众多摄影器材中的基本部分。并且，科技的日新月异远远超过你的想象，就算你这一分钟买了技术最先进的产品，下一分钟，它的升级换代版就会上市。这类产品如果你不经常使用，很快会发现它会产生各种各样的问题；而你经常使用，则同样会惊叹它的损坏率快得惊人。因此，除非是限量版的，极具收藏价值的，其他的奢侈品只能满足你的爱好，让你找到你的生活乐趣，而不是用来保值和增值的。

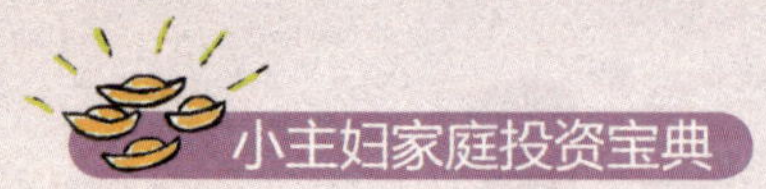

9 与奢侈品结合的金融投资

去年，我在荷兰银行的理财顾问向我推荐了一款以奢侈品作为主题的理财产品，事实上这类产品越来越多地出现在私人银行、贵宾理财的服务中。这也为参与奢侈品投资提供了一种新的途径。

奢侈品以其独有的特质造就了其价值魅力，通过奢侈品投资，在获得消费享受的同时，其内在的价值增长潜力也促成了一种新的理财方式。事实上，奢侈品理财并不一定停留在购买、消费的手段上，以奢侈品作为主题的投资产品也越来越多地出现在私人银行、贵宾理财的服务中。这也为参与奢侈品投资提供了一种新的途径。尽管门槛较高，但客户的热情高涨。工行私人银行部去年曾经推出一款红酒收益权的信托理财产品，也就是“期酒”的概念。他们选择了一家知名葡萄酒的制造企业作为合作机构，当葡萄酒还处在窖藏期的时候，以理财产品的形式向投资者进行发售。尽管购买一份红酒组合的资金就达到了30万元，但产品推出后客户的反响热烈得超出想象。产品的卖点在于投资者既能以实物消费的形式收回投资，待到葡萄酒成熟装瓶后，客户可以选择取走红酒；也可以赎回资金，并获得一定的收益回报。

一方面，私人银行客户是红酒的消费者，另外一方面他们也认可期酒的增值价值。作为一种“另类投资”，私人银行通过对合作方的筛选，也在一定程度上帮助客户解决了投资渠道的问题。

除了红酒期权，包括普洱茶受益权、白酒期权等类似的产品也正成为私人银行另类投资项目中的新方向。

如云南建行就曾推出过一款普洱茶信托贷款理财产品，投资标的是普洱茶。对于投资者们来说，获取收益的方式有两种：一种是产品到期后获得理财收益和本金，产品发售时预期收益率为7%。另外一种方式是提取指定的普洱茶作为本金和收益。尽管单份投资就达到50万元，且这款产品在发售时要求以2份作为起售点，但产品的市场热情仍远高于预期。

10 做奢侈品公司的股东

不做拥有者，做他们的股东。除了自己购买奢侈品外，投资奢侈品公司的股票同样也是奢侈品理财的一种途径。奢侈品的高附加值构成了奢侈品公司的最重要的无形资产，也成为他们股票价值的最大支撑。但与其他类型公司相比较，这种优势存在很大的壁垒，没有时间的沉淀，一般的产品难以与之抗衡。

过去的一段时间内，一些银行也曾推出过一些与奢侈品公司业绩相挂钩的银行理财产品。如汇丰、工行、浦发等等，理财产品的收益与宝马、路易威登等奢侈品企业的业绩挂钩。

对于投资者们来说，也可以通过购买海外股票的方式做奢侈品公司的股票，在奢侈品公司稳定业绩的基础上获得持续收益。

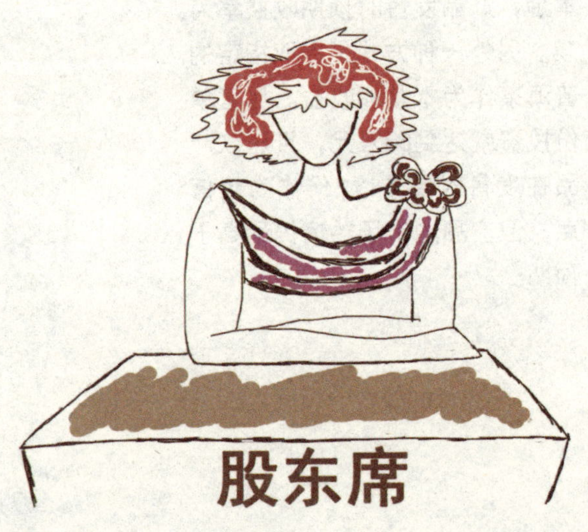

附：各类十大奢侈品品牌

十大服装

唐纳·卡兰、路易威登、香奈尔、范思哲、迪奥、古驰、瓦伦蒂诺·加拉瓦尼、普拉达、盖尔斯、乔治·阿玛尼

十大珠宝

卡地亚、蒂芬尼、恩佑、欧克塞特、宝诗龙、宝格丽、御木本、格拉夫、乔治杰生、波米雷特

十大名表

百达翡丽、爱彼、伯爵、江诗丹顿、卡地业、劳力士、积家、万国、芝柏、欧米茄

十大汽车

法拉利、保时捷、奔驰、宝马、莲花、宾利、凯迪拉克、菲亚特、奥迪、劳斯莱斯

十大化妆品

娇兰、兰蔻、娇韵诗、伊丽莎白·雅顿、奥伦纳素、雅诗兰黛、倩碧、资生堂、迪奥、香奈尔

十大眼镜

普拉达、奥克利、珠迪丝·雷伯、唐那·凯伦、圣罗兰、唐纳·卡兰、路易威登、香奈尔、迪奥、卡地亚

十大名笔

帕克、万宝龙、威尔·永锋、华特曼、卡地亚、犀飞利（sheaffer）、地球牌（IDEAL）、奥罗拉、高仕、万特嘉（Montegrappa）

十大雪茄

高斯巴、阿波罗、大卫杜夫、圣罗兰、丹纳曼、渥文、高雅、蒙坦尼而、宾治、百得佳士

第四章 真金白银投资秘籍

黄金投资不是一个新鲜的话题，不过，人们对它的兴趣远不如股市，因为从黄金市场上获利赚钱的人其实远没有股市那么普遍。即使如此，我们仍然要关注黄金。石油飞涨、粮食危机、全球通胀、美元贬值，值得我们依靠的东西越来越少，沉甸甸的金子握在手中的感觉开始变得真实。想想我们的家庭月开支竟然要1两黄金时，它的美好前景或许并不该被暂时的波动所破坏。黄金真的能保值吗？让我们冷静地从数字和历史的角度来考虑一下这个问题。从1971年到2007年的37年中，累计通货膨胀率为514%，而同期黄金从1971年的44.6美元涨到了2007年的836美元，价格翻了19倍之多，远远超过了通货膨胀率。于是，怎样买黄金，用怎样的技巧来投资，成了我们最需要关注的话题。或许我们可以把一些投资基金的办法引用到投资黄金上来，那就是，在下跌的行情中，分阶段、分批逐渐买进来摊平成本。

1 实物黄金与黄金定投

如果日常工作忙碌，没有足够时间经常关注世界黄金的价格波动，不愿意也无精力追求短期价差的利润，而且又有充足的闲置资金，最好投资实物黄金。购买黄金金条后，将黄金存入银行保险箱中，做长期投资。

很多人知道基金定投，其实，黄金也能定投。专家表示，在长期看涨这一点上，基金和黄金有些类似，投资者应摒弃投机的心态，避免短期频繁买卖，把买黄金作为一种投资手段，尤其是那些着重于长期投资的投资者可以分阶段择机买入，分摊风险。而有意黄金“定投”的投资者可以首先考虑投资实物黄金，对目前这种短期的价格波动不必过于敏感，选择一个合适的价位投资实物黄金长期持有，属于稳妥且风险小的投资品种。当然，比起基金定投较低的门槛，投资黄金的起点相对高一些，以30克的金条为例，投资者需要付出6000元的成本。计算出自己应该配置的黄金资产数量，在下跌时分批买入，不失为购买黄金最科学的办法。

2 实物性黄金有哪些投资品种

对一般投资者而言，最好的黄金投资品种就是直接购买投资性金条。金条加工费低廉，各种附加支出也不高，标准化金条在全世界范围内都可以方便地买卖，并且世界大多数国家和地区都对黄金交易不征交易税。

虽然投资性金条是投资黄金最合适的品种，但市场中常见的纪念性金条、贺岁金条等并不属于这类，这类金条都属于“饰品金条”，它们的售价远高于国际黄金市场价格，而且回售麻烦，兑现时要打较大折扣。所以投资金条之前要先学会识别“投资性金条”和“饰品性金条”。

投资性金条一般来讲有两个主要特征：

A. 金条价格与国际黄金市场价格非常接近（因加工费、汇率、成色等原因不可能完全一致）。

B. 投资者购买回来的金条可以很方便地再次出售兑现。金融投资性黄金金条一般由黄金坐市商提出买入价与卖出价的交易方式。黄金坐市商在同一时间报出的买入价和卖出价越接近，则黄金投资者所投资的金融性投资金条的交易成本就越低。

3 买金小窍门

第1步 选择适合自己的投资形式

目前投资者进行黄金投资的形式有三种：个人实物黄金买卖（银行品牌金、代理实物黄金销售）、个人实物黄金交易、个人账户金（也称“纸黄金”）交易。那么投资者应该先弄清楚：自己到底适合什么样的黄金投资形式？

个人实物黄金买卖（银行品牌金、代理实物黄金销售），其实物黄金的表现形式有金块、金条、金币等形式。这种投资形式的好处在于，投资者买了这种实物黄金后，可以拿到实物，它适合于收藏把玩，或者作为传家宝代代相传。然而由于目前银行暂未开始回购业务，所以这种个人实物黄金买卖（银行品牌金、代理实物黄金销售）的形式也有不足。

个人账户金业务也就是“纸黄金”业务的变现能力强，随时可以变成现金，其保管成本为零；另外交易费用小；更适合于希望获得单纯投资收益的投资者。但其不足之处在于，投资者买进的黄金只在账面上体现，无法提取黄金实物。

至于银行代理的上海金交所的个人实物黄金交易业务，则兼顾了账户金和实物黄金买卖（银行品牌金、代理实物黄金销售）之长，既可选择提取黄金实物进行长期收藏，也可以选择不提取。

妇人高见

投资者应根据偏好来选择

至于具体选哪种方式为好，某银行的理财师认为，投资者要依据自己的偏好来选择，适合自己的就是最好的，条件宽裕时也可以多个形式兼顾。但从纯投资的目的来看，账户金（纸黄金）以及个人实物黄金交易显然更适合，只要不提实物黄金，这两种形式都适应了投资工具日益虚拟化的时代潮流，创造了更有效率的投资机会。

第2步 掌握分析金价走势的技巧

“逢低吸纳，逢高抛出”，这个投资通则已为大家所熟悉。但是什么时候黄金价格会跌、什么时候会涨呢，到底是哪些因素在影响黄金价格的走势呢?

EVA对此颇有心得，她前段时间对黄金期货做了一定的研究，认为这些投资者在投资黄金尤其是做黄金期货交易之前一定要了解一些影响黄金价格的因素，从而判定金价涨跌以便做出买卖的决定。她认为，影响黄金期货的因素有美元汇率波动、各国货币政策、通胀压力、国际油价波动、国际贸易财政外债、国际政局波动等，而大的黄金投资机构的市场抛售行为也会引起国际金价的波动。

EVA说前段时间国际金价大涨最主要的原因是美元大跌推升了黄金价格。诸多对美元不利的因素使得希望保值的投资者开始转向真金白银，避险的动机令黄金价格乘势走高。其实不光是黄金，其他很多商品（如石油、各种金属等）及主要货币（如欧元、加拿大元等）相对美元都在涨。在这个意义上来看，黄金上涨更多是因为其内在的货币属性，其天然的安全性与抗击通货膨胀性能；另外，季节性需求增长也是金价上涨的重要推手。各种节日都能把黄金需求推向高潮。

妇人高见

投资黄金应做中长线

谈到经济问题，最基本的还是供给与需求两力量的平衡，黄金也不例外，我们要从全球的角度历史地发展地去观察黄金的供给与需求两方面的力量及此消彼长关系，并据此作出自己的中长线投资决策。从长远来看，黄金价格在未来几年里还将在持续增长的需求中稳中见升。

第3步 判断黄金投资风险的技能

提醒1：

●盲目追高可能会被套牢

投资黄金也是有风险的，单边上涨的行情是可遇不可求的，而就在黄金涨势凶猛的时候，投资者也要防其冲高回落。

这里有两个现成的例子：2006年上半年黄金也涨得非常好，在当年5月份中旬的时候却从高点730美元每盎司开始回调，短短两个月内跌至540美元每盎司，跌幅有20%~30%；其后的时间里，国际金价从540美元每盎司起步，2010年11月9日（周五）金价盘中最高触及838.90美元/盎司，纸黄金以及个人实物黄金交易的99.99金则创下了200元/克的新高。至2010年11月12日（周一）白天，国际金价回调至830美元附近，到了晚上金价又迅速下挫了30美元。

追高可能会被套牢，所以有理财师分析认为，金价到达800美元/盎司以上，普通投资者就不适宜进场进行短线投资。因为高价位时其波段控制难度太大，博取短期收益的投资者进入后，高开高走并不一定能套取多少利润，若出现回调则会被套。

提醒2：

●谨防"高额回报"骗局

投资者投资黄金还要注意这些风险：如果你想进行黄金投资，首先要找一个合法的机构去进行自己的黄金投资，谨防上当受骗，保护好自己的本金。目前国内各家银行及上海黄金交易所经营的黄金投资产品是受法律保护的，投资者特别要提防一些打着网络投资旗号的骗子，他们会说自己是境外保证金炒黄金公司的代理，许以高额回报，编一个具有诱惑力的数字在网上骗人，但最终卷款潜逃，投资者会受害。

另外，有些投资者把实物黄金和黄金饰物混为一谈，简单地买进黄金首饰作为投资。事实上，从投资的角度来看，投资黄金饰品的风险是较高的。因为黄金首饰的价格在买入和卖出时相距较大，而且许多金首饰的价格与内在价值差异较大。

4 黄金投资之实战案例

》“老手”短波段炒“账户金”

其实账户金跟纸黄金是同一个概念，投资者买进的黄金都体现在账户上，但不能提取实物黄金，只要金价出现波动，投资者就可通过“逢低买进、逢高卖出”的原则来获利。只要操作得好，投资者短短1月内的获利就非常可观。

Jennifer就是一个眼光独到的投资“老手”。2006年3月底她买进了1千克“纸黄金”，在2006年5月上旬卖出800克，当时国际金价涨到了730美元每盎司，卖出的价格是176元/克左右，一个月多一点的时间里每克“纸黄金”赚了26元，赚了800克×26元/克=20800元。然而5月中旬的时候，国际金价开始出现回调，两个月的时间里跌幅很大，从730美元跌至540美元，在这个波段里，Jennifer也显示出了对黄金投资的敏锐度，在国际金价710美元附近（账户金金价171元左右）的时候抛出了，剩余的200克以23元/克的赚头收手，赚了4600元。

不到两个月的时间里，Jennife投入的成本15万元左右，两次抛出赚了25400元，回报相当可观。这主要是因为她比较懂得把握波段，前期在较低价位买进，在金价下跌时迅速抛售，及时保住了胜利果实。

普通投资者进行投资黄金，最好是抓住基本面的因素、实质性的消息做长波段，短波段的话一来难以操作，二来一进一出银行要收1元每克的差价，投资者的投资成本比较高。

5 白银：当心爆炒后的风险

你知道吗，除了黄金，白银也是可以投资的贵金属。

以2011年白银行情为例，多重利好突然汇集，国际金银价联袂飙升，在国际金价冲击每盎司1500美元大关的同时，国际银价更为凶猛，轻松突破每盎司40美元大关后继续疯涨。国内银价涨幅更令人咋舌，仅仅2011年4月的9个交易日，每千克已经上涨1000多元，直破9000元历史大关。

那么，一向定位黄金“替代”投资品的白银，向上空间如何？能否继续上演反客为主的投资大戏？居民投资白银风险有多大？2011年以来，涨幅达36.7%黄金、白银，一直被认为是贵金属投资领域的“双雄”，以其最为投资者熟悉和最具备公众投资基础而受普遍关注。进入2011年4月以来，在各种打压美元、利多贵金属市场因素的作用下，国际金、银价出现了新一轮突破行情。国际现货黄金盘中一度曾涨至每盎司1487.60美元，再次创出历史新高，距离每盎司1500美元的历史新顶峰越来越近。而银价更是牛气冲天，国际银价持续冲高逼近每盎司43美元。国内银价走势更显势如破竹。2011年上海黄金交易所白银Ag（T+D）以每千克6660元开盘，截至2011年4月15日，国内银价最高已触及每千克9137元，仅在4月的9个交易日里，国内白银已经连续突破了8000元、9000元两个门槛，每千克上涨达1167元，涨幅达14.7%。

与之对比，2011年以来国内金价涨幅仅为2.9%，远远不及白银创出的36.7%

的涨幅。白银缘何“牛劲”大？有专家认为，目前白银爆发，涨势远超黄金是由于五个方面因素决定的：首先，近期多重利好刺激贵金属市场，所有利好黄金的因素，对于白银上涨均适用。如近期欧元区债务危机影响继续扩大；美元跌至16个月低位；中东北非局势紧张带动油价上涨预期等。其次，白银不同于黄金的一大特点是其商品属性突出，白银的工业用途远远超过黄金，所以白银价格对经济周期敏感度更大。未来全球工业经济回暖，对于白银需求与日俱增，导致银价快速上涨。第三，目前全球通胀预期依然上升，近期中、印等主要经济体公布的CPI数据依旧呈现高于预期的态势。第四，由于目前国际金银市场主要由资本推动，而非实物需求，而白银相对于黄金，价格波动幅度更大，套利空间和机会更多，所以更容易被炒作，目前出现价格暴涨很大因素也在于此。

》》当心爆炒后的风险

随着银价牛气冲天，国内投资市场潜力也开始逐步释放。白银投资相对黄金而言，两大优势非常明显：一是投资门槛较低，实物白银投资仅需几千元就可参与；二是白银价格波动远远大于黄金，国内白银每天价格上下数百元很常见，对于交易型投资者而言，套利空间也更大。但业内专家指出，白银投资虽然很有盈利想象空间，但投资中的一些问题和风险投资者更应该冷静关注。

首先，白银价格波动大虽然有利于套利，获利空间较大，但这同时也是双刃剑，有暴涨就难免有暴跌，尤其是一些杠杆交易，大幅回调风险并非普通投资者能承受。

其次，国内白银投资渠道依然偏少，多以实物白银投资产品和上海黄金交易所现货白银延期产品为主，而且更关键的是白银投资回购变现渠道不如黄金畅通方便，变现成本也要高得多。

第三，白银价格风险依然很大，市场上“炒风”已盛，投资者要注意“避风头”。30多年前，由于庄家恶炒白银后泡沫破裂，全球银价曾从每盎司48.7美元跳水至4美元。而从目前银价来看，48美元的“心理关口”已经不远，而且金银比价已接近35倍，小于历史上长期保持的40倍左右，所以银价在爆炒后下跌风险依然存在。

金融产品理财

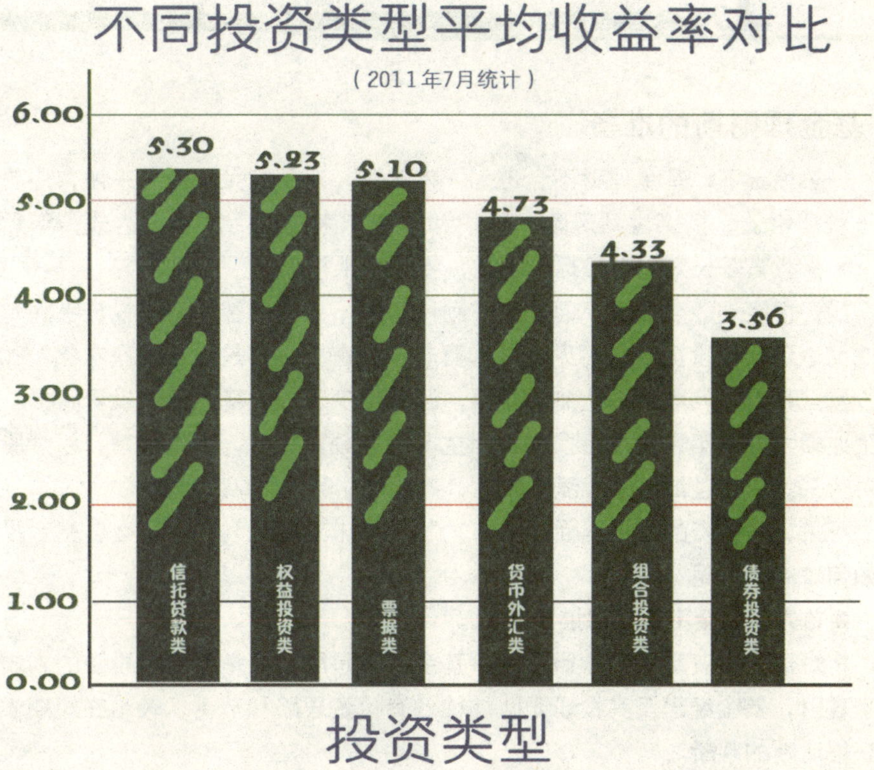

不同投资类型平均收益率对比

（2011年7月统计）

投资类型	平均收益率
信托贷款类	5.30
权益投资类	5.23
票据类	5.10
货币外汇类	4.73
组合投资类	4.33
债券投资类	3.56

投资类型

1 基金

基金理财前的准备

一般情况下，基金理财不会带来一夜暴富。对于绝大部分人来说，应更着眼于长期增值，抵御生活风险，保护和改善未来的生活水平，达成多年后养老、子女教育等长期财务目标，因此，要保持平常心。

投资肯定不能当懒汉，但是太“勤快”也不见得明智。有些投资者闻鸡起舞枕戈达旦，但投资收益不见得好。莫非“勤奋”并不是投资的座右铭？2009年股票型基金平均收益率达到69.72%，但有至少三成的基民仍然投资亏损。在基金业绩大好的年份仍然亏损的原因主要有：频繁择时，频繁换基，以炒股心态对待基金，错过最好的上涨阶段。

可见，在投资的世界里面，“急功”同样未必“近利”。那么，基金投资应如何“偷懒”呢？

●首先，基金不要频繁换手

将短期业绩波动作为参照来换手基金并不是明智之举，基金投资的本质是专家理财，基金经理及其投研团队往往各有投资思路和节奏，较难在短期表现中获得清晰的判断。

●其次，不要盲目操作波段

对于基金来说，股市的“八字先生”往往算不准，而且相较股票而言，基金交易的费用更贵，炒作成本更高；此外，基金交易也没有股票交易灵活，申购赎回都需要一定的周期，炒作难度更大。

●第三，如果要将偷懒进行到底，不妨养成基金定投的好习惯

最后需要申明的是，基金投资中“偷懒”不是盲目的，也不是没有原则的，实际上，总有一些懒是偷不得的，那就是——选择一只靠谱的好基金，而且要货比三家，定期检查。

投资基金前，应留出足够的现金资产，作为应急准备，一般至少能应付4至6个月家庭的必要支出，保证日常开支不被影响。

》》基金理财的步骤

首先，根据年龄、收支、家庭负担、性格等，估计自己的风险承受能力和变现需求。

然后，根据风险承受能力和变现需求，挑选适当基金类型，确定各类型基金的投资比例。

第三，在各类型基金中，精选长期业绩稳定良好的基金。

一般随着年龄增长，人们风险承受能力逐步降低，需调整激进型理财工具（如：股票基金）和稳健型理财工具（如：债券基金、超短债基金、货币市场基金）的投资比例。

●对于55岁以内的工薪族来说，100减自己的年龄，是投资股票基金的参考比例，其余资金可投资货币基金，或债券基金。

●对于55岁以上，接近或已经退休的年长人士，不妨以货币基金、债券基金为主进行投资，投资股票基金的比例最好不要长期超过20%。

在此基础上，个人可根据收支、家庭负担、性格等具体情况，对自己的基金组合比例做些调整，如：短期支出较多的；家庭负担重的；或性格非常谨慎、难以承受压力的；可适当增大债券基金、超短债基金、货币市场基金投资比例，以降低风险，增强变现安全性；反之，盈余资金持有时间长的，或收入高的、或家庭负担轻的，可适当增大股票基金投资比例，以增强长期增值。

在各类别内挑选基金时，一是优选品牌基金公司，因为一般来说，这类投研团队人员充足，经过长期磨合、经验丰富，比较忠诚稳定、并有严谨的流程保证，有利于创造长期稳定良好的业绩；二是优选品牌基金经理，因为过往基金的长期良好业绩记录，常能体现出稳定优良的投资运作能力；三是选择适当的细分产品，例如：选择股票基金时，可适当搭配指数型股票基金；如果利用定期定额长期投资指数型股票基金，均摊成本的效果也更明显。

》》避险增收三原则

对于大部分追求长期增值的投资人来说，长期保持投资、基金组合投资、充分投资，既是增收的法宝，也是控制风险最基本、最简便易行的方法。

（1）长期保持投资

基金投资是一种新的生活方式，长期坚持，能持续分享理财硕果、规避风险。

例如：A先生于2009年8月购买了一只指数型股票基金600万元，在其后的几个月内，因市场波动出现10%左右的浮亏。由于这笔资金是他在较长时间内用不着的，不急割肉变现，就一直持有。2011年2月，他获得了超过70%的回报，即增值400多万元。可惜的是，不少投资人因缺乏长期持有理念，早早了结，有的甚至“割肉”出局，白白丧失了增值的机会，甚至还造成了损失。特别是那些刚刚熬过几年熊市，当基金刚重返面值，就匆匆退出，而没有享受到随后翻番收益的投资人，可能更需要调整理财方法。

基金是一种长期投资，千万别着急赚快钱。很多人都说，现在基金不行了，赚不到钱了，其实不是基金真的没落了，而是急功近利心态在作祟。投在基金上的钱不能马上打着滚地增长，很多人接受不了。就我自己的心得来说，当一个基民首要的素质就是淡定，只要淡定，就一定可以赚到钱。

几年前我有一笔小钱，闲着没用，想了想好像平时的生活都用不到这笔钱，就接受银行理财顾问的建议，买了一只封闭型基金。那是我第一次买基金，完全搞不懂什么封闭型开放型，也不懂得怎么去区分基金的好坏，但是我听了理财顾问的话，买了就不管了，每年就等着分红。因为看得淡，所以不管分得多少，只要有入账都很开心。其间也有人不断进言，说这只基金不怎么样，列举了种种它的“罪状”，劝我赎回买其他的。我当然也看到有些表现非常抢眼的基金，但我下了长期持有的决心后一直没换票。不知不觉几年下来，又到了分红的时候，仔细一算，天哪！收益已经超过120%了！一笔小钱，手散一点几下就花掉了，连个响儿都听不到；如果做小本生意，累得半死的结局也多半是血本无归，投资房产连首付都不够，但是投资在基金上，不费一点心思和力气，收益就翻倍了，何乐而不为呢？

另外，保持投资也十分必要。低买高卖是不少人实战中的心态，但这种“择时”策略对专业人员来说都很不确定。普通人更会受到“贪婪恐惧”的人性弱点及股市的不确定性影响，难以找到所谓的“低点”或“高点”。实证表明，2006年4月26日至5月15日的9个交易日内，上证指数的涨幅达到2006年上半年总涨幅的1/3，可见保持投资反而简便有效。

再有，为帮助人们长期投资、保持投资，很多理财机构推出了定期定额的投资方式。定期定额是指与银行等销售机构事先签好协议，每月某一时间自动扣款，用一个固定金额投资基金，类似零存整取那样，力争长期较高回报。比如：对于普通家庭，每月投资基金1000元，假设平均年回报率稳健居中，为10%，20年后可增值200%以上，拥有大约76万元的资产，能在很大程度上保护和提升未来的生活水平。

●定期定额的好处在于

平均成本、均摊风险；积沙聚塔、复利效果显著；克服“贪婪恐惧”的人性弱点，保持投资；省时省力，不用去网点排队。

（2）基金组合投资

既然大部分情况下，基金理财是持久战，就需要从长计议。牛市时，用很多钱投资股票类资产或股票基金，确实容易很快实现较高回报，但也有较高风险，反而减少了长期增值的本钱和赢利空间。

组合投资能让不同类型基金取长补短，让基金组合更好地满足投资人多样化的财务需求，帮助投资人以时间换空间，稳定地获得长期增值。如：股票基金能创造长期较高收益，债券基金、超短债基金、货币基金能有效分散股市风险，力争高于存款的收益，保证方便地变现和分红。基金组合投资遵从基本原则，但因人而异，按人群可大约这样分类:

- 正值财富创造高峰的中青年，特别是白领、骨干、精英。
- 35~45岁，家庭、事业稳定，收入中等以上，工资基本趴在卡上的工薪阶层。
- 55~60岁，或风险承受力较强的年长者。
- 退休人士，或基本不能承受本金波动性损失的年长者。

（3）充分投资

不少人都在寻找“低风险、高收益”的投资方法。其实充分、合理地投资，就可以在控制适当风险的情况下，贡献较高的长期收益。

例如：假设有100万元可投资，如果只拿出10%，即使承担较大风险，投资股票类资产，获得10%的收益率，总体收益率也只有1%，获利1万元；相反，如果全部投资，通盘布局，即使将较大比例的资金投资低风险的固定收益类资产，获得5%的收益率，总体收益也可以达到5万元。

2 保险

大部分中国人靠社保维持养老的“温饱”。

在中国，大部分城镇职工从开始工作后，就会被纳入社会基本养老保险体系内，因为每个月的工资中会被扣除一块“基本养老保险金”，且可以税前列支。这一块属于国家法定强制实施的养老保险制度。

我国基本养老保险的养老金制度在细则上有一定差异。按照上海市养老金制度的规定，单位与个人缴纳养老保险金的基数以个人上年度月平均工资性收入来确定，其中个人缴纳的比例为缴纳基数的8%，单位所缴纳的比例为缴纳基数的22%。个人缴纳部分全部计入个人账户，单位缴纳部分计入社会统筹。

如果一个职工的工资收入较高，超过了缴纳基数上限，那么缴纳养老保险时也仅能按最高限额来进行；反之，如果你的工资收入较低，低于缴纳下限，那么需要按照最低标准来缴纳养老保险；职工实际工资收入介于上下限之间，则把实际工资收入作为缴纳基数。

那么当职工退休时，能够领到多少养老金呢?

根据国家相关政策，我国基本养老金目标替代率为58%，即通过基本养老保险体系，职工退休后月收入应达到退休前一年月收入的58%。

但事实上，根据我们的测算，收入不同的人群，工作30年后的养老金替代率差异较大。收入越高的人群，退休后能从社保渠道领取的退休金占退休前收入的比例越低，甚至可能不到30%。

》》双轨制：机关事业单位养老替代率较高

另一方面，由于制度设计等历史原因，我国的城镇养老保险体系形成了特殊的“双轨制”，不同工作性质的退休人员实行不同的养老金制度：从政府机关和事业单位退休的实行由财政统一支付的退休养老金制度，而企业职工则实行由企业和职工本人按一定标准缴纳的“缴费型”统筹制度。

现行机关以及多数事业单位养老费基本上由政府财政或单位统包，实行待遇确定型养老金计发办法。职工退休时按照本人退休前最后一个月基本工资的一定比例计发，退休人员养老金调整与在职人员工资调整同步进行，退休金收入较高。

随着社会的进步，人们风险意识和理财观念的改变，越来越多的人开始接受商业保险。那么，我们应该如何购买保险？究竟要拥有多少的保单才算合适呢？

》》专家认为保险的购买应该是“活到老、保到老”

买保险就像买衣服，大小和款式要适合自己，不仅要考虑所缴保费要在自己的经济能力承受范围内，还要考虑保险金额是否符合保障的需求。就一般家庭来说：保障额度＝家庭收入需求（是指家庭主要的经济收入来源不幸受阻时，还要维持与目前相同的生活水准所必需的一笔收入需求）＋子女教育费用＋现有负债（贷款）－现有财务资产。而一个家庭的年缴保费应大致占家庭年收入的15％左右。

这样我们就可以大致确定花多少钱，需要多少保障了！那么花相同的钱，

如何拥有更全面、更科学的保障呢？下面我们看个例子：

丈夫李先生：今年32岁，某公司一般职员，月收入约2500元；太太张女士：30岁，在某企业打工，月收入1800元；女儿小甜甜：今年4岁。家庭年收入约5.16万元。

这是一个典型的大众型家庭，设计的初衷是以尽可能少的保费投入获得整个家庭全面的保障，所以应该选择家庭综合性保障计划。

从保险需求来看，李先生是家庭的主要收入者，应该是整个家庭保障计划的重点，李先生工作较稳定，公司的养老、医疗等保障相对较充分，应辅以兼顾重大疾病保障的终身寿险产品，着重突出意外保障和对家庭的责任。

李太太现在的工作为临时的，对自身的养老、重疾医疗保障有迫切的需求，因此对李太太设计的保险计划着重突出养老和医疗险。可以选择目前市场上具有定期返款功能，兼顾养老功能的产品，同时也可以解决部分女儿教育金储备的问题，通过低保费的附加住院医疗类产品来解决医疗问题。

而女儿是家庭的希望，为其投保丰厚的大学教育金是父母的共同心愿，因此对女儿设计的保险计划着重突出未来的教育保障和健康保险。

当然，在险种的选择上，分红类产品相对于传统产品在抵御通货膨胀、家庭财产的保值增值方面可能会更有优势，这也是值得大家关注的。

3 股票

在中国，股票投资是最为广泛的一种投资方式，拥有相当庞大的股民群体，可谓是全民炒股。根据中国证券登记结算有限责任公司所提供的数据，截止到2011年3月底，中国A股自然人账户数为15488万户。由于这一数据为上海、深圳两个市场的账户总数，以除以二来简单推算的话，中国A股的股民数量在7744万人左右，占到人口总数的5.78%。但是，比起美国人投资股票的比例来说，这个数字要小得多。

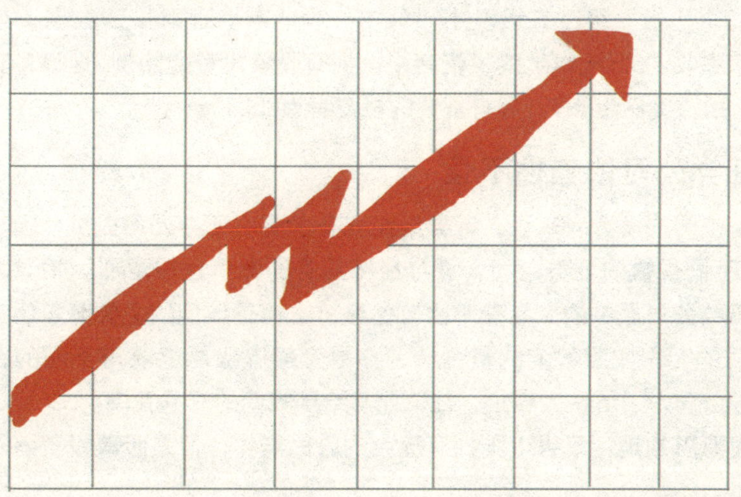

以单个股票账户的流通市值来看的话，截至2010年10月末的数据，在A股市场上，自然人账户市值处于1～10万元（含10万元）的比例最高，占沪深两市自然人账户的51.42%；其次是市值为1万元的账户，占到沪深两市自然人账户的30.3%；处于第三位的是市值10～50万元（含50万元）的账户，占比为15.01%。也就是说，在A股股民中，96.73%的账户市值低于50万元。需要说明的是，由于历史的原因，不少股民可能拥有多个股票账户，也有一些家庭分设有多个股票账户，这一数据所反映的仅仅为账户的情况，与中国股民的投资金额会有一定的差距。

值得一提的是，在各种投资理财产品中，中国投资者对于股票的投资偏好是最强烈的。工行连续发布的《工行投资理财指数报告2010年第四季度》选取了16个包括一级、二级及中小城市在内的家庭理财投资数据，结果显示，在家庭收入6万元以上的投资者中，拥有股票投资的比例为46%；其次为分红险，所占比例为38%；拥有基金的投资者为33%。

》》对证券公司依赖性不强

对于中国的投资者来说，证券经纪业务主要由证券公司提供，国内共有100多家不同规模的证券公司，证券经纪业务的竞争也很激烈。相对来说，小型的证券公司提供的交易费率比较优惠，这也是他们的主要竞争优势；同时，不同的客户按照他们的资金量、交易金额等级能够获得不同的费率优惠，证券公司为了留住大客户，往往愿意给予较低的交易费率。

很有意思的是，尽管中国拥有庞大的股民群体，但是股票投资者对于证券公司的依赖性并不强。直到最近几年，不少证券公司才开始推出全方位的理财服务，如对于资产达到一定规模的客户配备专门的理财经理，理财经理将向客户提供投资方面的建议和咨询，以及包括资产配置规划等等。同时，证券公司也推出不少自己进行投资管理的券商理财产品，他们的运作模式接近于开放式基金，投资范围也很广泛。

在资金的管理上，中国的股票投资者使用的是结合了投资者、证券公司、银行三者不同功能的“第三方存管”业务。在这种模式下，投资者的资金统一由一家银行进行存管，银行的作用由“出纳”强化为“管家”，而证券公司的主要功能是负责投资者的股份，不拥有资金管理的功能。

》》投资以短线为主

在股票的交易过程中，个人投资者普遍喜欢短线交易，特别愿意追逐热点板块。如大比例送转的股票，各种题材股等，都是投资者比较青睐的交易品种。由于不用缴纳资本利得税，短线获利成为股票投资的主要盈利模式。即便像基金这样的机构投资者，一年的换手率也要超过200%，个人投资者的换手率还要更高。由于长线投资者较少，现金分红对投资者的吸引力并不大。加之股票的分红派息，投资者需要按照红利所得来缴纳所得税，适用的税率为20%，目前暂按实际税率的50%比例征收，比起其他分红方式，现金分红并不太合算。而一旦股票被套牢，愿意割肉离场的人并不多，大部分人希望等解套后再抛出。

4 信托产品

相对于熟悉股票、基金等理财产品的投资者来说，财产信托服务还是一项较新的门类。信托（Trust）是一种特殊的财产管理制度和法律行为，同时又是一种金融制度，信托与银行、保险、证券一起构成了现代金融体系。它起源于英国，距今已有几百年的历史。主要从事动产不动产资金等各类财产管理运用，简而言之，信托就是受人之托，代人理财。以国际巨星迈克·杰克逊为例，他在生前立下遗嘱：将名下全部财产交由信托基金统一管理，不做分割，并指定他的母亲凯瑟琳·杰克逊和三名子女为遗产受益人。这样一来，就可以保证他的财产继续保值增值，使遗产受益人不受财产损失。

信托业经过多次整顿近年来发展迅猛，成为备受高收入阶层关注的金融行业。2009年信托发售有1100多只产品，总投资规模逾千亿元，投资数额起点为100万元，而现在基本上投资起点都在300万以上，被誉为高端理财的有效投资工具，希望更多的投资者关注信托行业，通过选择稳健的产品进行资产配置，实现财产的保值与传承。

5 银行理财产品

Alice突然得到了一小笔遗产，意外的她甚至不知道该用这笔钱来做什么。妄动不如不动，在没有一个更好的投资决策时，她决定把这笔钱放进银行。普通的储蓄存款利率太低，她看银行理财产品发行一派火热，就想干脆自己也买理财产品吧。统计数据显示，2007年银行理财产品的募集规模仅为4000亿元，去年猛增至7.05万亿元，今年仅用了半年的时间就达到8万亿元左右。

银行理财产品火爆，热销原因无他，弱市中银行理财产品具有确定性的预期收益率，这一收益率甚至还能跑赢消费者物价指数（CPI）。很多时候，老百姓并不是基金等金融机构认为的那样非理性和急功近利，比如非得要追求暴利，只要有一种理财产品能够给他们带来稳定的正收益，哪怕收益比较低，老百姓也会投之以信任的目光，用自己辛辛苦苦赚来的真金白银去购买。相反，如果有某一类理财产品，即便短期内能给老百姓带来很高的收益率，但如果长期以来业绩一般，而且波动性强，不能显示出专家理财的优势，对不住老百姓付给他们的管理费，投资者就会用脚投票表示反对。

理财产品收益率不断上调，尤其是短期理财产品，由于收益率比银行定期存款高出不少，加上期限较短，不影响资金流动，因此比中长期理财产品更具吸引力，颇受投资者青睐。

》》适合自己更重要

短期理财产品的收益率一般高于活期储蓄，而且流动性较中长期理财产品较高，比较适合在手头有闲置资金，且不确定资金使用期的投资者，以及无论哪种类型的理财产品，资金配置都较为固定的投资者。银行理财产品按本金与收益类型分类，大致可分为固定收益型、保本浮动型、非保本浮动型等三类产品，其潜在收益和风险依次递增。面对银行推出的各类短期理财产品，除了关注收益率外，投资者对于本金的安全性、是否可以提前赎回等问题都要有所了解，根据自身情况选择适合自己的理财产品。

》》注重“隐形投资期”

由于理财资金在产品的发行期和回款期有一个闲置期，在此期间，资金收益仅为活期利率，投资者在购买时还需掌握理财产品的发行时间及到账时间，货比三家，了解清楚产品是否合算再行买进。对于手头资金使用时间有较准确把握的投资者，选择相对较长期限的理财产品，收益更高。

》》注意购买时机

除了一些有明确规定可以提前赎回的理财产品外，一般理财产品尤其是短期和超短期理财产品不能提前变现。因此，投资者应合理安排资金，谨慎投资银行理财产品。对于购买的时机，投资者通过一段时期观察会发现，银行在一定时期会较密集地发行多类理财产品，收益率也多有起伏，对消费者来说，抓住时机，适时购买，才能真正地实现“利益最大化”。

不动产投资

1 住宅

我还清楚地记得2009年初夏的一天，好友Angela站在街头给我打电话的情形。她当时正骑着电动自行车在成都的街头漫无目的地乱逛，购买她的第一套房。之前一直住在娘家的她，以为一辈子都可以不买房，在父母的庇佑下幸福美满地过自己的小日子。但是因为生活习惯上的不适应，她先生越来越急迫地想要搬出去，小两口独自生活。于是，拥有一套自己的房子变得非常迫切。真的准备下手买房了，她才突然发现，自己对房市竟然一无所知。茫然的她只好给我打电话，把自己的经济状况和需求和盘托出，让我这个闺蜜马上给出建议。说实话，这个要求真的是太高了，就算是专业的置业顾问参谋，要在一天之内就下单，还是相当草率的，毕竟买房还是一件大事。我给出我的意见，仍然希望她货比三家，三思而后行。但是这位风风火火的小姐还是很冲动，看了三个盘，当天下午就出手，买下她人生中第一套房，精装小户，地铁沿线。那时，房价已经偏高，不过楼市仍然火爆，还有不少的上升空间。Angela在自己的安乐窝里安居乐业的同时，不断地接到中介的电话，问她是否愿意租或者卖。她这才明白过来，原来这房增值了！初尝甜头的她，赶紧整合资源，动员父母也把钱投资楼市，先后投资了4套房。最近，她请我们去她的新居作客，和两年前那套40平方米的蜗居相比，无论面积、环境、品质，都早已不可同日而语。她颇有感触地谈起自己的投资心得，那就是不动产一定要动起来，只有不断地置换，雪球才能越滚越大。

普通民宅

投资房产赚不赚钱？这个问题不能一概而论。目前选择一手的普通民宅作为投资工具的不多，主要是因为楼价比较高，而租金回报低，加上房屋的贬值，实际上是得不偿失的；但如果房价处于上涨态势，像上海、杭州楼价攀升3~4成的情况下，那是大有赚头的。其实，在楼市大牛的大背景下，基本上是闭着眼买都能赚钱的，不过是赚多赚少的问题，关键是把握好介入的时机。很多人都有选房的眼光，却没有下单的魄力，这个才是决定要素。Kitty就常常后悔不已，抱怨自己错过了不少好房子。“不是看不上，是买不起。当年收入低，又要强，非要自己挣钱买房，不想靠两边的老人。”Kitty无比感慨地说。“傻了吧，等我们两口子的工资涨上去了，房价就涨得更厉害，结果还是买不起。”眼看孩子都要上小学了，还借居在姐姐家，Kitty无奈之下，还是拉下脸皮向父母借了首付的钱，才算有了自己的窝。“想当年，房价多便宜啊，那时候买的话，两年就把借父母的钱还上了，还能赚不少，我怎么就那么死心眼呢？”

房改房

一般选择面积比较小、地段比较好的房改房作投资用途，因为房改房购房的成本比较低，业主通常急于套现才会出让；另外房改房一般地段比较好，很好出租，一些房龄较老的房改房已经面临拆迁，是投资的好渠道，值得关注。而最近两年，很多一二线城市的二手房市场，房改房打起了主力，因为地段适中，面积较小，总价不高等原因，很受刚需买家的欢迎。

》单身公寓和国际公寓

对于地处商务中心地带和高校附近的单身公寓或者适宜出租小户型单元，尤其是酒店式管理的国际公寓是具有较高投资价值的。如某楼盘推出的一种40平方米的单身公寓，可以分割成两间独立的出租房，都带厨厕和阳台，楼价约19~21万/套，年租金收入18000~20000元，回报率大约在8％~10%左右；国际公寓由于房价比较高，投资回报率一般在6％~8%左右。

》高档住宅

资金比较多的不动产投资者比较喜欢选择高档住宅作为投资工具，最受买家追捧的业主和租客基本都是外籍人士，房价和租金价格一直保持在较高的价位。

》市区豪宅

这类豪宅买家相对比较少，因为高投入、高回报必然也带来一定的高风险。这类房经常采取“以租带售”策略，推出“带租约销售”，因为一份具有诱惑力的租约，比任何推销语言都更能打动买家。有一位从事保险业的投资高手Ruby就买了一套带租约销售的半山公寓别墅发售，投资180多万，租金回报率高达15%，如果租客和租金稳定的话，投资者6年就可以“赚回”投资；但其投资风险在于，万一外籍租客不续租，高额的投资回报就难以得到保证。

2 商铺

》》街铺

作为私人不动产投资，大卖场商铺的买卖和包租是难度很大的，比较传统的做法是选购临街商铺，而且多为店面较小的商铺。广州人有“一铺养三代”的说法，可见人们对投资商铺是情有独钟的。但由于近几年旺地商铺被炒得过热，升值和赢利空间已经很小。不少一线城市的临街商铺售价已达每平方米6万元，非临街亦在每平方米3~5万元之间；而位于商业中心的新老商铺，每平方米售价更是上扬到12万元以上，月租价平均也不低于每平方米850~1200元，一块不足100平方米的临街商铺，月租价已达几万到十几万元。这种当红的铺位的投资比较大，如果决策不当可能会蚀本。尤其是像大型商业物业，小本经营的投资者最好不要轻举妄动，应当选择力所能及，又有一定商业前景的集市型商铺作投资，比如2~3平方米一个铺位，比较适合。

对于发展商返租的商铺，私人投资者应当特别谨慎，因为发展商为了吸引买家往往会以较高的回报做诱饵，返租期一过，实际租金回报没有那么高，买家就会觉得上当受骗。但带真实租约出售的商铺又另当别论，因为真实租约只要不是伪造的是可以反映市场的真实价值的。

Monika前几年刚回国的时候，赋闲在家。她没事就在网上溜达，看本市商铺的行情，想要投资一个商铺。当时正值住宅行情看涨的时候，商铺信息较

少。她偶然发现一个二手商铺转让的信息，这让她非常兴奋。那个商铺是个大型的数码产品集散地，地段好，人气旺，生意火暴异常。卖家因为想套现买住宅房，急于脱手，在实地考察后，她果断地买下这个铺面。买到就收租金，并且随着地铁的开通，不到4年的功夫，几乎翻了5倍，可谓赚得盆满钵满。

小区商铺

小区商铺是近些年才比较受人关注的投资产品，我个人非常推崇。每次陪朋友去看房，常常是他们看住宅，我却关注那些住宅附属的商铺，尤其是那些周围商业配套不完善的小区，商铺潜力更大。以前许多生活小区的商铺是业主自行改建出租或出售的，很不规范，也难以成行成市。现在小区商铺已经成为私人不动产投资的一种主要对象和工具，小区商铺之所以如雨后春笋般涌现，主要原因是其稳定的客源和相对低廉的价格受到了众多商铺投资者的青睐。但有些人以小区商铺的投资形式，可以实现资本的增值和获得较高的投资回报；而有些投资者却以同样的形式，抱着试一试的心理购买小区的商铺而失利。这说明小区商铺投资也同样是很讲究技巧的，同样要具有理性的眼光和准确的判断。一般来说，投资小区商铺需要有比较雄厚的资金和淡定的心态，因为小区商业要趋于成熟需要有相当时间的培育期，所以急功近利的心态不可取。

3 写字楼

将写字楼作为私人理财工具的情况越来越多，虽然之前写字楼市场经历了近十年的低潮。但随着经济高潮的到来，加上国家对居民住宅的调控政策，写字楼也将成为私人理财和投资的理想工具。不过，写字楼市场受需求影响较大，价格和租金通常是被需求拉动的；而商铺和住宅的价格弹性大于需求弹性，需求往往被价格所带动。

写字楼是我在住宅、商铺之后的第三级跳。当时正值写字楼的低潮期，所以虽然地处中心商务圈，但价格还是严重背离价值，比同一区域的住宅便宜很多。但是放租的时候我发现，写字楼与住宅相比，出租方便，不需要装修，也不需要配备家具家电。而且租户由于是公司，所以一般都是长租，租金缴付也非常爽快。另外，由于用途是办公，所以对房屋的损害较小，也没有住宅通常会遇到的维修维护等麻烦。最重要的，同等面积，写字楼的租金一般显著高于住宅，是非常合适的投资产品。

》》产权酒店

产权酒店，是指产权可以分割出让给投资型业主，业主再将自己购得的酒店产权委托给酒店管理公司代为统一经营管理，酒店管理公司定期向业主支付一定的经营回报，这是一种比较新兴的房产投资方式。这种投资方式近几年在北京、上海、天津、深圳和海南都有推出过，市场反应不一。前两年市场上曾推出的商务公寓，并不是真正意义上的产权酒店，而是酒店式管理的商务公

寓；两者虽有相似之处，但经营方式、管理方式和服务对象有很大差别。最近看到一个成功将烂尾别墅楼盘改造成四星级酒店的例子，据介绍该项目投资回报率高达15%，即买家6年多时间就可以收回投资成本，并且还长期拥有酒店的产权。这一类产权酒店比较适宜在旅游城市兴建，主要是投资回报比较有保障。

4 不动产投资重在把握时机

指导人们投资理财的读物和文章很多，理论、观点和方法也很多，但我认为最重要的是以下三点：

》》一是把握投资的时机

可以说，任何投资甚至包括任何买卖、生意和股市，买入时就已经决定了输赢、胜负和赔赚；换句话说，输赢、胜负和赔赚都不主要是取决于卖，而主要是取决于买，买得贵就赚得少；买得便宜就可能赚得多。或者可以说，能不能赚取决于买，赚多赚少取决于卖。其实，最好的投资时机是在经济低潮期，这时买楼、买股都划算；但人们普遍都是“买涨不买跌”。这实际上是一个误区，因为受人性弱点“贪”和“怕”的影响，跌的时候谁都怕损失钱财而不敢投资，而涨的时候又一拥而上，未必能买到好的价位和物品。就算买到了合适的价位和物品，又由于贪念作怪而被套牢。这样的例子比比皆是，不胜枚举。

》》二是要在能力之内投资

许多人借债投资，搞得不好就会陷入债务纠纷，甚至导致家破人亡。其实，投资是一项长期的活动，大有大做，小有小做，只要方法对头同样可以收到本小利大的投资效果。“借鸡下蛋”固然好，但严格来说，下的蛋是应当物归原主的；更何况还会有“鸡飞蛋打”和“杀鸡取卵”的可能。因此，建议私人理财的投资者，不要因本小和利小而不为，只要“肯为”就一定会“有为”，但最好是在自己能力之内有所作为。

》》三是要有长期利益的观念

现时，在各种投资市场出没的大多不是真正的投资者，而是急功近利的投机者。这些投机者目光短浅，心态浮躁，与赌徒没有什么两样，久赌必输，短线投机者也是如此。股神巴菲特的投资理论的核心就是集中投资绩优股并长期持有，因此他能成为世界的首富。

而一般人既没有恒心，也没有毅力，却总是期望一夜之间就能发财、暴富。其实，如果没有正确的投资理财的观念和方法，那些一夜成富的投机商、赌徒和暴发户，要不了多久就会被打回原形。因此，要成为投资理财的高手就必须要抱持长期投资和长期获益的理念。

超级啰嗦的理财小贴士

1 如何才能改善自己的消费习惯

讲到理财，许多人的第一反应就是“股票、房产投资”或“钱生钱”，很少有人会重视改善自己的消费习惯。然而对于收入稳定的上班族来说，由于其投资渠道非常有限，因此依靠投资未必一定能获得资产增值，但若能改善自己的消费习惯，使自己的消费更趋合理，倒是能省出一部分比较确定的钱来。那么，如何才能改善自己的消费习惯呢？

首先，在消费之前需要先进行规划

比如，一个家庭日常支出应该控制在收入的50%以内（若无房贷压力则可以略高些），假设一个家庭每月收入为8000元，那么这个家庭每月日常支出应该控制在4000元左右，为了保持不超支，可以将4000元按周分配给需要支出的家庭成员，这样一来，每个人钱包里的钱受到了限制，也能一定程度控制消费欲望。

其次，多数情况下，滥用信用卡消费是导致消费超支的主要原因之一

这里并非不提倡使用信用卡，而是不提倡使用多张信用卡进行消费，因为当一个人使用多张信用卡时，往往对自己已经发生的消费行为和金额产生模糊记忆，而当你只使用一张信用卡时，由于信用卡额度有限，就会对自己的消费行为有很好的控制。此外，在使用信用卡消费后应当选择次月及时还款，不应选择以最低还款额进行还款，因为信用卡的循环利息非常高，若每月只按最低还款额进行还款的话，其需要缴纳的循环利息可能高达年15%，甚至更高。

再次，需要改变自己的消费心态

人往往会冲动型消费，尤其是女性，对于“一见钟情”的商品往往毫无抵抗力，为了控制自己的这种冲动，不如每次在消费前先问自己一些问题，比如在外出旅游时，看到自己喜欢的东西，先问问自己这个东西是买来自己用还是送人？送给谁？若自己用，那么应该把这件物品放置在哪里？也许想着想着购物的欲望就会越来越淡化，就不再冲动了。另外，在选择衣服、饰品时，建议姐妹们固定几个适合自己的品牌，这样缩小消费时的选择范围也是控制消费的手段之一。那么如何确定品牌呢？也许你可以问问自己，有哪几个品牌的衣服和包包，买回来半年以上时间，但自己仍旧愿意重复使用的呢？如果有的话，那这个品牌一定有适合你气质的元素，若你固定买这些品牌，就可以增加物品的利用率从而节约开支。

最后，改变消费渠道也是控制支出的重要手段

也许你已经习惯了去百货公司、大商场买东西，但若你经常上网，不如试试网络购物，你会发现同样的商品，在网络上销售的价格可能只有商场的2/3甚至更低，这是由于网络销售省去了商家租用场地和雇佣销售人员的费用，因此商品价格非常便宜，同时越来越多的网络销售模式会把商品价格压得越来越低，比如一些“返利”网站，会根据你购买商品的金额返还现金券供你下次消费时使用，还有一些“团购”网站，利用“集散成群”的方式把零售变成批量采购，从而可以让参与“团购”的每个成员享受到低廉的批发价格。改变自己的消费习惯不仅可以省钱，也许还可以带给你不少新鲜感和乐趣，让理财变得更加轻松，不妨也来试试吧！

2 从木桶理论引申家庭资产的配置权归属

中国文化与西方文化有着非常大的差异。中国人的家庭观特别重，多数人信奉血浓于水的传统思想。因此中国社会的最小单位可以看作是家庭。而在西方，人们更重视个体的自由和权益，哪怕是家庭成员间，也是以尊重个体要求为先，因此西方社会的最小单位可以看做是人。也正是因为这种差异，导致了许多习惯上的差异，其中也包括了理财习惯。多数中国家庭，喜欢把家庭成员的钱集中放在一起进行管理，这样做有优势也会有问题，优势在于把钱放到一起后会有规模效应，可以选择的投资品种也会更丰富，但由于这些钱由不同的人取得，因此在投资决策时，往往很难协调各自的不同思想，甚至曾经发生过夫妻为了投资决策的矛盾最终导致离婚的情况，十分荒谬与可惜。

●木桶理论的精髓在于

一个木桶的盛水量取决于桶壁上最短的那根木板。若将这一理论引申到家庭理财中，我们建议：家庭资产配置比例（即在各风险类别不同的投资品种上的分配比例）由家庭成员中风险承受能力最低的成员来决定。

根据经验发现，中国家庭中一般女性成员的风险承受能力会比男性低一些。这与女性缺乏安全感、不爱冒险的天性有关。因此，在家庭理财中，不妨让女主人来决定家庭资产的配置比例，比如女主人风险承受能力很低，那么对于波动风险较大的股票类资产配置比例就可以低一些。这样即便未来出现波动，也不至于对女主人心理上造成过大的影响。

》》依据家庭成员风险承受能力的差异进行分工合作

在部分家庭中，一些女主人为了控制家庭的财权，会要求丈夫把所有的钱都交给自己来管。这样做表面看起来可能没什么问题，但其实隐藏着一些家庭矛盾的潜在风险，聪明的女主人不妨交出部分投资权给丈夫。比如女主人在规划好家庭资产的配置比例后，可以将一部分有承受一定投资风险的品种选择权交给丈夫。一来男性天生喜爱冒险和刺激，这种投资权可以一定程度满足丈夫的天性偏好；另一方面，丈夫也会感觉到自己对家庭资产有一定控制，不会在心理层面产生逆反和潜在矛盾。

3 鼓励孩子积极参与

由于现在多数家庭都只有一个孩子，因此家长在重视孩子知识教育和健康营养外，还希望能培养孩子的“财商”，甚至会送孩子去参加一些培训机构组织的“儿童财商教育”。其实再好的培训也比不上让孩子在生活实践中参与家庭资产的管理。这里可以分享一些我认为比较合理的、从一些客户实践过程中分享得到的经验。当孩子在5~10岁的时候，要让孩子体会到“钱”是个好东西，需要通过努力才能获得。比如可以把一些简单的家务活进行“明码标价”，在孩子完成后进行奖励，让孩子体会挣钱的辛苦与不易；当孩子在10~15岁时，可以让孩子帮忙给家里“记账”来获得奖励。一方面让孩子学会了“记账”的方法；另一方面也让孩子了解一个家庭的开支，有了收入和支出的概念。此外，我有个客户还曾经分享过一个非常好的方法，就是每次带孩子去超市之前就只带100元钱，然后告诉孩子说自己只有100元，孩子需要买什么东西都让他自己计算好，总额不能超过100，这样做孩子会很有乐趣地计算自己该买些什么，学会了“预算控制”。当孩子15岁以后，不妨让孩子参与家庭投资的讨论，让他表达自己的意见，有时候也按孩子的决策去尝试，这样孩子有了参与的乐趣。

4 理财平衡术

理财的过程，如果用一句诗来形容，那么“路漫漫其修远兮，吾将上下而求索”是最恰当不过了。形象地说，个人投资理财的过程，就像是走钢丝，一旦开始了，就不能够走回头路。而且，一旦不小心，失去平衡或迷失方向，都将使你坠入万丈深渊。其实如果想在理财之路上轻松而稳健地走过，首先要学习几招“理财平衡术”。

》》时间的平衡：过去、现在和将来

个人财富上的时间平衡，简单概括，就是财富的现在进行时和将来进行时。这个“时间上的平衡”可以说是个人理财过程中的根基，只有掌握了财富的时间平衡，才能保证财富的延续性和增长性。曾经有幅漫画是这么描绘的：世间的人们都在背着同样的十字架前行，有个人嫌太沉太累，于是就将十字架砍掉一截。但是，当走到最后，跨越山谷的时候，别人都用十字架搭了一个简易的桥走过去了，只有那个人，因为十字架短了一截，最后没有过去。从理财

的角度来解释，就是如果你没有长远的目标，不考虑财富的延续性，过早过度地消费，就会在最后导致入不敷出，失去了财富的时间平衡。因此，日常的理财生活中，我们要将自己的消费目标、投资目标设定为短期、中期、长期。然后，一步步去实现，最终就能实现财富的时间平衡。

》》结构的平衡：搭建恒稳的“金字塔”

每个人对“理财”的理解其实是不同的。有的人侧重财富的稳定，那么就会认为“理财就是单纯的攒钱，不浪费”。有的人侧重财富的增值，就会在理财的过程中，偏重投资。其实，无论是稳健的存钱，还是激进的投资，在理财的概念上讲，都是失衡的，都是理财结构的不平衡。要实现理财结构的平衡，就要搭建一个“理财金字塔”。这个金字塔的搭建，是建立在稳健的前提下的。因此首先要考虑家庭资产的风险管理，即财富的保值作为根本。根基稳固后，就可以针对不同的理财需求合理地配置资源，其中包括短期投资、长期投资、消费计划、负债情况等，而通常在这个金字塔顶端的则是资产累计中的税务问题。

》》内容的平衡：一项都不能少

实现了个人财富的结构平衡，接下来就要完善财富的内容，实现内容的丰富和平衡。就像盖大楼，楼的主体构架已经搭建好，接下来，就要根据实际需要，完善整个楼体。日常生活中，我们的理财规划内容通常都会包括买房、买车、孩子教育、家庭保障、父母养老、资产的收入和支出以及遗产规划等。理财的最终目的，并非单纯地让财富增值，而是要实现个人财务内容的完全自由和平衡，而整个理财规划中的内容，不能顾此失彼，一个都不能少。

》状态的平衡：动静皆宜，随时变换

事实上，我们每个人手中的财富，无论多少，都是随时变化着的。有的人能够做到，让财富不断地增加；有的人却无法阻止财富不断地减少。如何保证个人财富进得多出得少？那么就要通过合理的手段，保证个人财富的状态平衡。简单地说，就是在个人理财过程中，因为我们身边的经济环境也是时刻变化的，那么根据资本市场环境、国家经济政策，随时调整自身财务的情况，最终让财富保持一种动态的平衡，才算是理财的最高境界。

5 80后的理财思路应该更为广阔

懂得投资固然是一件好事，但如果大家都只知道把钱投入股市，恐怕没人会觉得这是件好事。《2011年度中国大学生财商调查报告》显示："66%的受访大学生认为用自己的结余资金投资时，会第一选择股票。"报告中指出，这是大学生财商失衡态的一个主要表现，即对理财产品的片面认识。调查显示，大学生愿意尝试参与股市的重要原因，并非基于他们对证券市场的深入了解，而是因为股票投资在社会大众中较高的认知度和较高的预期收益。这是大学生财商失衡态的一个表现，因为我们的孩子从小到大，学校里没有理财这门课，而生活中家长几乎包办了子女的衣食住行，所以就理财来讲，无论是理论还是实践经验，大学生们都是很欠缺的。财商教育的缺失，很可能导致这一过程出现

偏差和失调，从而阻碍大学生对于理财的正确认识和有益实践。基于对大学生财务状况等进行的数据分析，报告将大学生分为四种典型的财商失衡族群。

》温室族

此类大学生从不缺钱花，并且从家庭获得的财商教育不足。数据显示，15%的大学生不知道家庭年收入是多少，7.9%的大学生从未关注过收支问题，甚至有18.5%的大学生记不清上周的支出。他们只负责花钱，而不问钱是怎么来的。不过温室族的比例并不高。

Injoe是个家境富余的孩子，从小到大没愁过钱的事。上大学后依然如此，银行卡里从来没缺过钱，父母总会在适当的时候及时补充。这也就养成了她花钱无计划，大手大脚的坏习惯。怎料大学毕业前，家庭陡生变故，她一下子失去了锦衣玉食的生活，凡事都需要精打细算，因为没有心理准备，也没有相关的理财意识，家庭的变故让她措手不及，一度让她濒临崩溃。

》财盲族

第二种则是缺乏足够理财知识的“财盲族”，事实上，有70%的学生认为自己的理财知识还不足够，也没有合适的渠道去了解。不过虽然知道自己的财商较低，但很少有人主动学习，或者说他们根本都还不知道该从何入手，提高自己的财商。Susan是我以前的一个员工，来自农村，大学毕业后留在了这座城市打拼。她经常饱含深情地给我讲她贫瘠的家乡，讲家里年迈的父母如何辛苦劳作，就为还她读大学欠下的债。她告诉我要努力工作，挣钱，让父母可以安度晚年。我以为这样一个懂得感恩的孩子应该也会懂得规划自己微薄的收入，毕竟她没有支撑，只有靠自己。但很遗憾，我看到的只是一个花钱漫无目的，无节制，很糊涂很迷茫的女孩，我都替她着急，如此这般，怎么能实现把父母接来城里养老的心愿？只怕还要家里倒贴钱才行呢！

》》懒惰族

第三种是意识上认同理财，但行动上缺乏动力的“懒惰族”，只有16%的大学生有记账的习惯，一半以上的大学生没有任何理财行动。思想的巨人，行动的矮子，如何修炼成精明能干的时代女性？我自己的学生时代就是这样一个反面教材。本身学的是财经专业，当然知道理财的道理，可惜理论永远只存在于教科书上，那时的我，财务状况很糟糕，上半个月天天吃大餐，下半个月顿顿方便面，现在想来都觉得好笑。

》》月光族

最后一种则是最为普遍的“月光族”，调查显示，只有39.9%的大学生有一定的结余，7.9%的大学生表示没有关注过这个问题，其他都是“月光族”，甚至少数大学生还有债务。事实上，月光曲不仅大学生唱，工作以后唱的人更多。房租、交通费、通讯费、交际费、生活费，这费那费，不但没节余反而可能还负债累累。我们能靠父母一辈子还是能欠银行的钱永远不还？月光族，听起来很美，其实是悲剧。

月光族